U0076979

宇宙用語 220

收錄最新天文資訊
了解宇宙 220 個重要關鍵詞

人人出版

人人伽利略系列32

收錄最新天文資訊
了解宇宙220個重要關鍵詞

宇宙用語220

監修　渡部潤一

1 宇宙探索的歷史

2 恆星的璀璨一生

3 太陽系與星座

4 妝點宇宙的眾星系

5 宇宙觀測的最前線

1 宇宙探索的歷史

宇宙究竟是什麼樣的東西呢？眾先賢先哲花了好長一段時間，不停探討這個深遠的主題。我們的宇宙觀隨著觀測技術等方面的進展而有大幅度的轉變，但是探索宇宙的旅程還未抵達終點。

本章我們將追尋先人們的腳步，回顧漫長的宇宙探索歷史。

首次正確計算出地球的周長

中世紀的歐洲，基督教為社會各層面帶來了巨大的影響，就連科學的發展也受到了相當大的阻礙。不過，在這之前以羅馬、希臘等地為中心的地中海沿岸，已有蘇格拉底（Socrates，前470～前399）、阿基米德（Archimedes，前287～前212）等許多偉大哲學家及科學家，憑藉自由思想開拓了知識的領域。

出生於利比亞的希臘科學家埃拉托斯特尼（Eratosthenes，前275～前194）就是其中一位佼佼者。據說他是阿基米德的好朋友。

當時，埃及在亞歷山卓（Alexandria）建立了一座相當於現代大學和博物館的學術設施，稱之為繆斯廟（mouseion，博物館英文museum的語源），而埃拉托斯特尼在那裡擔任館長。此外，繆斯廟內還附設巨大的亞歷山卓圖書館。

埃拉托斯特尼從這座圖書館的龐大藏書中，發現了一段記載寫道：「在尼羅河上游的賽伊尼（Syene），太陽在夏至※正午會直射井底而不會產生影子。」埃拉托斯特尼根據同一時刻方尖碑在亞歷山卓產生的影子長度及其高度，算出太陽的入射角約為7度，因此突發奇想地認為或可利用這點來計算地球的大小。

當時地中海的貿易非常發達，所以「地球是圓的」可能已經成為常識了。因此，埃拉托斯特尼認為只要測量賽伊尼和亞歷山卓之間的距離，將之放大50倍（360°÷約7°），即可得出地球一周的長度。計算的結果為3萬9500公里，與實際的周長約4萬公里相當接近。

※夏至當天正午，太陽幾乎直射北回歸線上的賽伊尼。

埃拉托斯特尼的肖像。

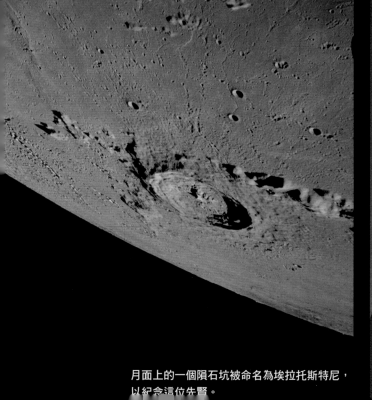

月面上的一個隕石坑被命名為埃拉托斯特尼，以紀念這位先賢。

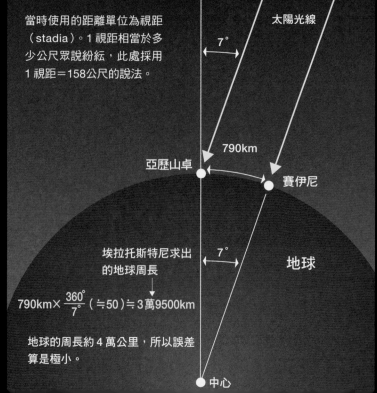

當時使用的距離單位為視距（stadia）。1視距相當於多少公尺眾說紛紜，此處採用1視距＝158公尺的說法。

太陽光線

7°

790km

亞歷山卓　　賽伊尼

埃拉托斯特尼求出的地球周長

7°

地球

$$790km \times \frac{360°}{7°}（\fallingdotseq 50）\fallingdotseq 3萬9500km$$

地球的周長約4萬公里，所以誤差算是極小。

中心

流傳1000年以上的地心說理論主導者

托勒密（Claudius Ptolemaeus，90左右～168左右）是繼埃拉托斯特尼300年後，出現於埃及亞歷山卓的科學家。

在埃拉托斯特尼的時代對科學發展有重大貢獻的繆斯廟後來逐漸衰退，到了西元前47年甚至被凱撒率領的羅馬大軍燒毀。進入2世紀之後，繆斯廟得以重建，而當時在天文學領域留下偉大功績的人又以托勒密為最。

托勒密彙整了先前希臘的天文學成果，編纂成《天文學大成》（Almagest）一書。《天文學大成》中以均輪（deferent）和本輪（epicycle）的概念來說明太陽、月球及五顆行星的運動。此外，他也構思了偏心圓（eccentric circle）、均衡點（equant）等概念，並藉此極為正確地描述了行星的運動。其正確性使得托勒密提出的「地心說」（geocentric theory，天動說）在此後支配了歐洲及阿拉伯地區的天文學至少1000年以上。

但是，托勒密似乎對於太陽系的中心到底是地球還是太陽並沒有質疑。對於當時的人們來說，大地是不動的、天是繞著大地在旋轉，一切都是很理所當然的觀念吧！托勒密關注的焦點或許只在於該如何正確地說明行星的視運動。

托勒密所設想的宇宙

本圖所示為地心說所描述的各行星運動的整合模型。以地球為中心的層狀結構為均輪，在各均輪的圓周上有本輪。本圖只繪出恆星的天球和均輪的天球的下半部。所有的天球都是沿著順時針方向1天繞轉一圈（周日運動）。除了周日運動之外，各行星在其本輪上1年繞轉一圈，並依各自不同的固定週期（例如土星為30年）在均輪上繞轉一圈（周年運動）。繞轉的方向如箭頭所示。

說明行星運動的2種圓

行星

地球   本輪

均輪

均輪和本輪的模式圖。利用這2種圓，就能夠說明行星的運動。

托勒密（2世紀中期）

托勒密利用自古以來被認為是宇宙構造基礎的圓以及球，藉此說明行星的運動。他於西元145年左右編纂了集希臘天文學之大成的《天文學大成》。

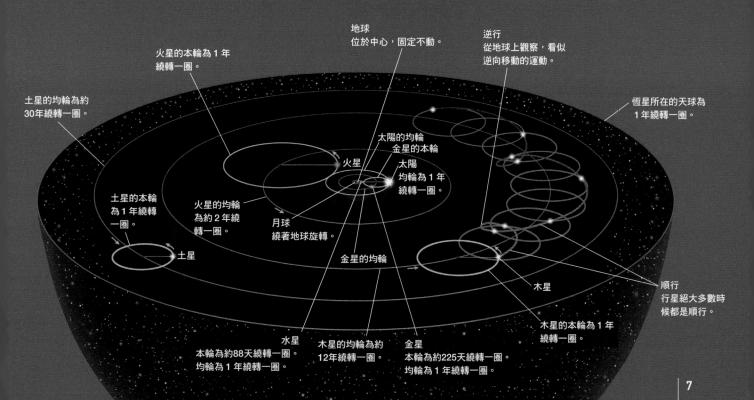

火星的本輪為1年繞轉一圈。

地球
位於中心，固定不動。

逆行
從地球上觀察，看似逆向移動的運動。

土星的均輪為約30年繞轉一圈。

太陽的均輪
金星的本輪

火星

太陽
均輪為1年繞轉一圈。

恆星所在的天球為1年繞轉一圈。

土星的本輪為1年繞轉一圈。

火星的均輪為約2年繞轉一圈。

月球
繞著地球旋轉。

土星

金星的均輪

木星

順行
行星絕大多數時候都是順行。

木星

木星的本輪為1年繞轉一圈。

水星
本輪為約88天繞轉一圈。
均輪為1年繞轉一圈。

木星的均輪為約12年繞轉一圈。

金星
本輪為約225天繞轉一圈。
均輪為1年繞轉一圈。

神職人員開啟了通往近代宇宙論的大門

從古代到中世紀，人們對地心說深信不疑。但是到了16世紀，波蘭神職人員暨天文學家哥白尼（Nicolaus Copernicus，1473～1543）卻提出了以「日心說」（heliocentric theory，地動說）為基礎的宇宙體系。

哥白尼在同為神職人員暨其監護人舅舅的推薦下，進入波蘭南部的克拉科夫（Kraków）大學，學習當時認為知識份子理應具備的學問，後來前往義大利留學研習法律和醫學。哥白尼回到波蘭後，雖然每天埋首於神職和醫師的工作而忙得不可開交，但並沒有放棄他最喜愛的天體觀測。結果，他開始對地心說心生懷疑。

日心說和基督教的價值觀大相逕庭，所以哥白尼本身並沒有強力主張其正當性。雖然在周遭人的鼓勵下決定出版自己的著作，不過本人無緣見到書籍出版便在70歲那年撒手人寰。然而，日心說卻為後來的宇宙觀帶來了巨大變革。

日心說主張的是地球和其他行星一起繞著太陽公轉的宇宙觀。該理論與古希臘天文學家托勒密（第7頁）提出的地球在宇宙中心靜止不動的「地心說」相反，因而稱為日心說。

地心說是在大圓軌道（均輪）上加了若干個小圓軌道（本輪），藉此說明行星頻繁地朝相反方向移動的現象（逆行）。哥白尼對於這樣的說明方式起了疑竇，認為日心說才能合理地說明，並根據計算求出了5顆行星的軌道。

後來，哥白尼的主張因為伽利略（第12頁）使用望遠鏡進行觀察，以及克卜勒（第11頁）的「行星運動定律」、牛頓（第14頁）的「萬有引力定律」而從數學上得到證明。

於是，宇宙觀逐漸從以地球為中心的地心說轉變成以太陽為中心的日心說，進而闡明了恆星遠比行星距離地球更遠的事實。

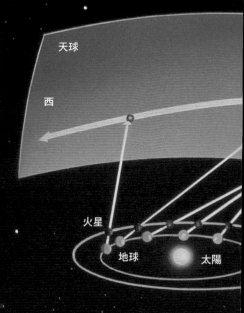

天球
西
火星
地球
太陽

哥白尼

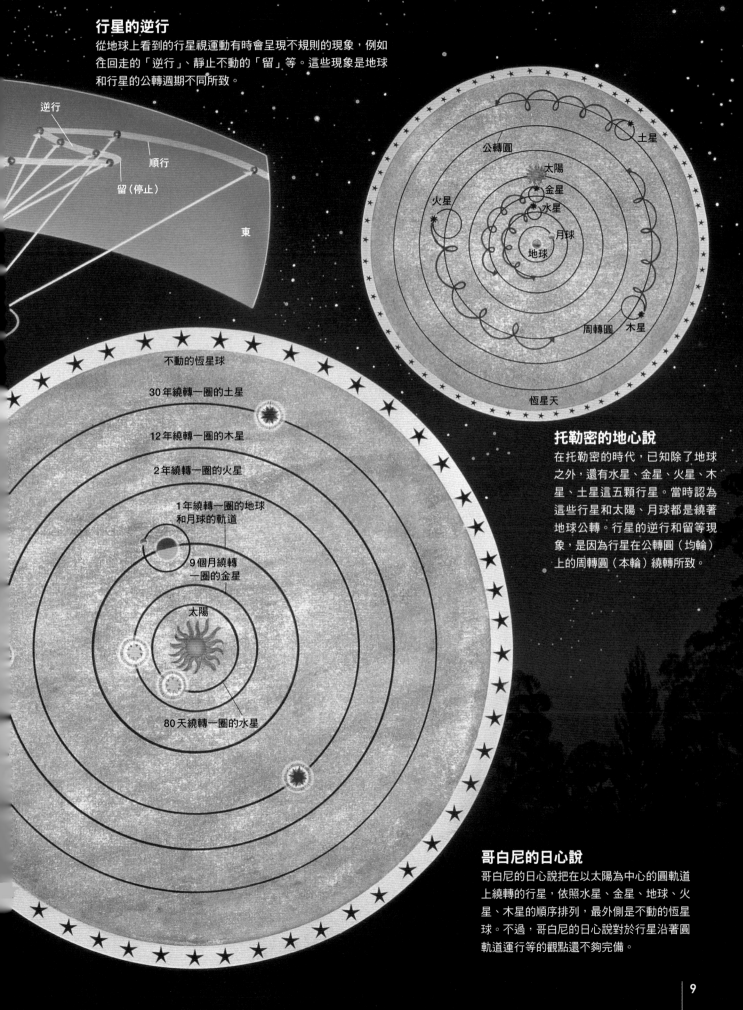

行星的逆行

從地球上看到的行星視運動有時會呈現不規則的現象,例如往回走的「逆行」、靜止不動的「留」等。這些現象是地球和行星的公轉週期不同所致。

逆行

順行

留(停止)

東

公轉圓

太陽

金星

水星

月球

地球

火星

土星

周轉圓

木星

恆星天

托勒密的地心說

在托勒密的時代,已知除了地球之外,還有水星、金星、火星、木星、土星這五顆行星。當時認為這些行星和太陽、月球都是繞著地球公轉。行星的逆行和留等現象,是因為行星在公轉圓(均輪)上的周轉圓(本輪)繞轉所致。

不動的恆星球

30年繞轉一圈的土星

12年繞轉一圈的木星

2年繞轉一圈的火星

1年繞轉一圈的地球和月球的軌道

9個月繞轉一圈的金星

太陽

80天繞轉一圈的水星

哥白尼的日心說

哥白尼的日心說把在以太陽為中心的圓軌道上繞轉的行星,依照水星、金星、地球、火星、木星的順序排列,最外側是不動的恆星球。不過,哥白尼的日心說對於行星沿著圓軌道運行等的觀點還不夠完備。

憑肉眼進行正確天文觀測的丹麥貴族

在望遠鏡尚未問世的時代，進行最正確天文觀測的人當屬丹麥貴族第谷（Tycho Brahe，1546～1601）。第谷在1572年發現了一顆超新星，其後繼續觀測到看不見為止。後來這顆超新星被命名為「第谷超新星」（Tycho supernova）。

第谷的才華和熱情受到國王的賞識，於是送給他一座名為文島（Ven）的小島，在島上建了一座具備天文觀測所功能的烏拉尼亞堡（Uranienborg），和一座天文臺「星堡」（Stjerneborg）。位於北歐的文島氣候酷寒，所以第谷把星堡的觀測室設在地下室，以求盡量避免受到寒氣影響。為了觀測星星，第谷也親自設計並製造了多種觀測裝置。

第谷利用這些裝置累積了大量的觀測資料，但是一直照顧他的國王去世以後，第谷因為先前與平民結婚而備受責難，甚至因此被放逐到海外。文島的星堡也全部遭到摧毀。

搬到捷克布拉格的第谷繼續進行天文觀測。第谷雖然接觸過哥白尼的日心說，卻對天文觀測抱有絕對的自信，而無法確認周年視差（第52頁）的他始終沒有接受日心說。1601年，第谷在參加一場晚宴之後突然病逝。不過，有關他的死因，也有人懷疑可能是被克卜勒暗殺。

第谷的肖像。第谷除了天文學之外也十分熱中於鍊金術，甚至在烏拉尼亞堡的地下室設置了鍊金術實驗室。當時的貴族必須娶貴族為妻，然而第谷無視這條規則娶了平民，因此落人口實而被逐出丹麥。

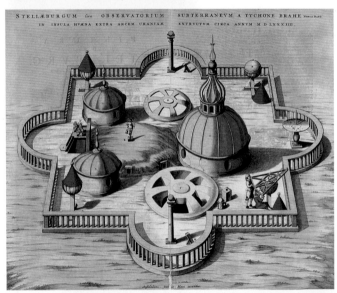

星堡。觀測室全部建於地下。這座天文臺吸引了歐洲的眾多天文愛好者前來學習。

第谷（中央）在星堡的觀測室指示門生們進行觀測。打造成圓弧形的刻度尺是第谷發明的儀器，能夠讀取正確且精細的數據。

依據第谷的資料歸納出三大定律的數學天才

第谷收集的龐大觀測資料後來傳承給了克卜勒（Johannes Kepler，1571～1630）。第谷是貴族出身，克卜勒則來自德國的貧苦家庭。克卜勒從小就嶄露出優異的數學才華，據說他在長大之後想在大學求取教職卻未能如願，於是便應第谷之邀擔任其助手，協助進行天文觀測。他立刻就察覺第谷收集到的觀測資料非常珍貴，請求加以利用卻遭到否決。直到第谷去世以前，克卜勒始終無法接觸到這些資料。在第谷死後，克卜勒總算得償所願，開始廢寢忘食地研究這些資料。

他的主要研究對象是火星的運動。當時普遍認為行星的軌道是正圓形，但是第谷的資料和預想的軌道有所差異。對此，克卜勒的結論就是火星軌道並非正圓形。這個結論他花了長達 5 年的時間才得到，卻也因此誕生了克卜勒行星運動第一定律。

在這之後，又發現了第二、第三定律，促使天文學急速地蓬勃發展。

克卜勒的肖像。克卜勒小時候罹患天花導致視力減弱，限制了其天文觀測的能力，但是他作為分析第谷資料的理論天文學家依舊充分發揮了長才。

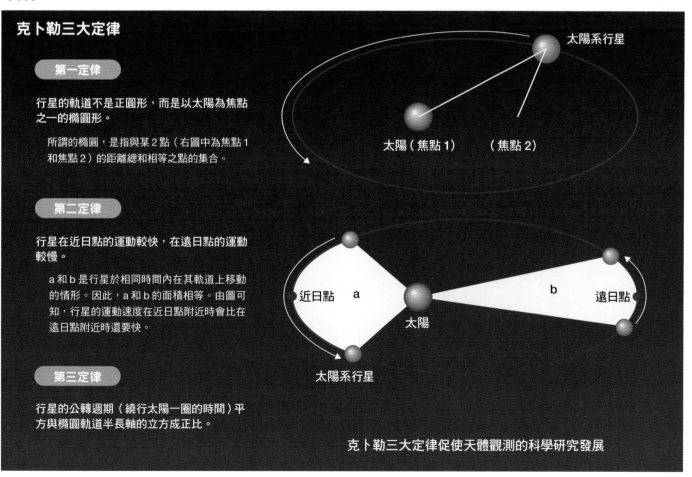

克卜勒三大定律

第一定律

行星的軌道不是正圓形，而是以太陽為焦點之一的橢圓形。

所謂的橢圓，是指與某 2 點（右圖中為焦點 1 和焦點 2）的距離總和相等之點的集合。

太陽系行星

太陽（焦點 1） （焦點 2）

第二定律

行星在近日點的運動較快，在遠日點的運動較慢。

a 和 b 是行星於相同時間內在其軌道上移動的情形。因此，a 和 b 的面積相等。由圖可知，行星的運動速度在近日點附近時會比在遠日點附近時還要快。

近日點 a 太陽 b 遠日點

太陽系行星

第三定律

行星的公轉週期（繞行太陽一圈的時間）平方與橢圓軌道半長軸的立方成正比。

克卜勒三大定律促使天體觀測的科學研究發展

近代天文學之父伽利略始終堅信的日心說

談到天文學的歷史，有一位不容忽視的人物，他就是伽利略（Galileo Galilei，1564～1642）。伽利略是一位對所有科學領域都抱有強烈興趣的學者，其中最有名的例子就是在比薩斜塔進行的落體實驗吧！在此之前，人們根據亞里斯多德的學說，理所當然地認定較重的物體會比較輕的物體更快落地，但是從來沒有人以實驗加以印證。對此懷疑的伽利略因而登上比薩斜塔，讓兩顆不同重量的金屬球從塔頂同時落下，在眾人面前證明了這個學說有誤。也有人認為這是伽利略的門生編造出來的傳說，不過伽利略確實曾經在傾斜的軌道上做過相同的實驗。此外，伽利略還曾經指示兩名門生分別站在相隔遙遠的兩座山丘上，利用提燈的火光來測量光的速度。

某天，積極探究真相的伽利略接觸到了當時才剛問世的「望遠鏡」。伽利略聽說荷蘭有人發明了望遠鏡，便馬上著手進行望遠鏡的製造。後來造出了一支口徑37毫米、長度約 1 公尺、放大倍率 8 倍的望遠鏡，他迫不及待地把它舉向夜空。

伽利略專注地觀測木星，發現

伽利略的肖像。

安置在佛羅倫斯聖十字聖殿的伽利略墓。

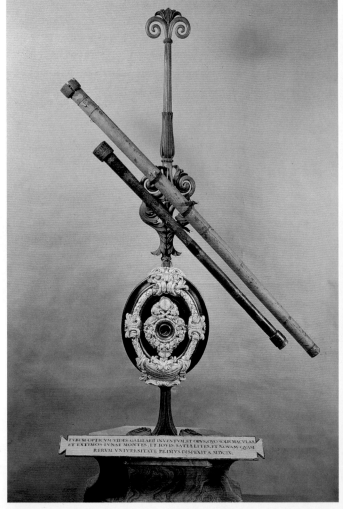

伽利略使用的望遠鏡（仿製品）。據說伽利略也曾使用望遠鏡觀測太陽，所以晚年幾乎喪失了全部的視力。

11 伽利略衛星

木星的周圍有四顆小小的星球。伽利略留下了詳細的觀測紀錄，確定這四顆星球其實都是環繞著木星旋轉的衛星，正是如今稱為「伽利略衛星」（Galilean moons）的木衛一（Io）、木衛二（Europa）、木衛三（Ganymede）、木衛四（Callisto）。

雖然在此之前已經有哥白尼提出了日心說，但是礙於當時掌握最高權力的教會強力指導，再加上日心說所預測的天體運動並不完全正確，所以主張「地球為宇宙的中心，所有星球都繞著地球旋轉」的地心說依舊席捲天下。在這樣的時代背景下，伽利略發現了否定地心說的事實。

身為科學家的伽利略毫不遲疑地將事實昭告天下，但遭到教會強力反彈，要求他要與教會的意見同調。無法接受的伽利略為此受到宗教審判，被命令此後不得再宣揚日心說。但是，追求真實的伽利略仍不願意改變自己的說法，於是在1633年再度受到宗教審判，被判終生監禁。

聽到這項判決的伽利略在退庭之際，還喃喃自語地說：「即便如此，地球還是在繞轉啊！」但也有人認為這段故事是後世編造的……。

其後，羅馬教廷在1992年承認這個錯誤並向伽利略道歉，不過這已經是伽利略死後350年的事了。現在，伽利略被安葬在義大利佛羅倫斯的聖十字聖殿。

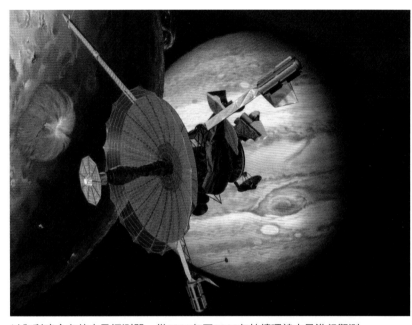

以伽利略命名的木星探測器。從1995年至2003年持續環繞木星進行觀測。

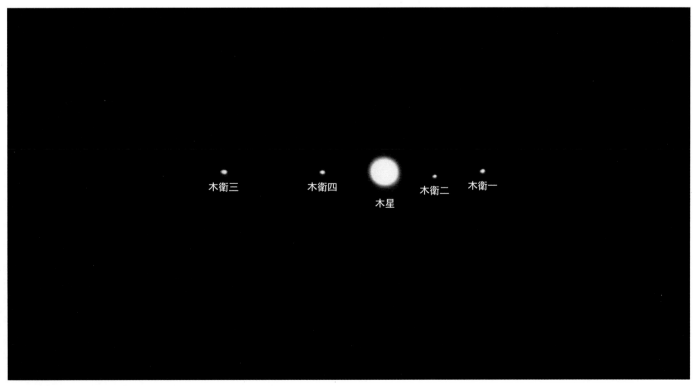

伽利略堅信日心說的依據是他詳細觀察了在木星周圍繞轉的木衛一、木衛二、木衛三、木衛四這四顆衛星的運動，並留有觀測紀錄。此外，伽利略也使用望遠鏡發現了金星的盈虧現象。

為近代物理學與天文學奠定基礎的天才

將始自哥白尼的近代天文學雛型，建構成堅實物理學系統的人是牛頓（Isaac Newton，1642～1727）。牛頓在劍橋大學時便顯露極高的數學才華，不過當時的倫敦黑死病猖獗，所以他不得不回到故鄉避難。滯留在故鄉的一年半期間，牛頓完成了後來廣受世人讚揚的萬有引力、光學、微積分等相關研究的大半。據說牛頓看到了蘋果從樹上落下而悟出萬有引力一事，也是發生在這段期間。

牛頓把自己對於數學和物理學的考察彙整成《自然哲學的數學原理》（Mathematical Principle of Natural Philosophy），在著作中提出了萬有引力定律和運動方程式，也主張天體的軌道為橢圓形或拋物線形。牛頓在《自然哲學的數學原理》中，把相對論及量子力學之前的古典力學統整成一個體系，從此建立了牛頓力學。

萬有引力定律也稱為平方反比定律，是利用數學方法從克卜勒第三定律衍生而來的法則。根據這個定律，無論在宇宙的哪一個角落，所有物體都會受到互相吸引的力（重力）影響。自亞里斯多德以來有2000年以上的時間，人們始終相信「天界和地界的運動定律不同」的宇宙觀。而牛頓的理論則主張天界和地界都

牛頓的肖像。

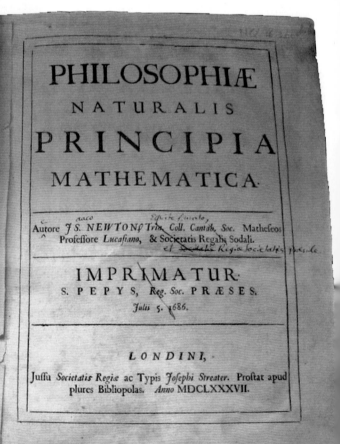

牛頓持有的《自然哲學的數學原理》初版本。中央的註記是牛頓本人寫下的字跡。

14 | 反射式望遠鏡

依循著相同的運動定律,為世人建立了全新的宇宙觀。

此外,牛頓在《自然哲學的數學原理》中也提出了自創的運動方程式——「物體一旦受力,就會往力的方向產生加速度,而加速度的大小與力的大小成正比、與物質質量成反比」。只要物體不是以無限接近光速的速度在運動,都能利用這個方程式正確地表示物體的運動。

牛頓還有另一個與《自然哲學的數學原理》齊名的科學成就,這本代表性著作就是《光學》(Opticks)。牛頓想要改良當時逐漸普及的望遠鏡的性能,對光亦抱有極高興趣的他不斷進行研究之後,發現了光的白色是由七種折射率相異的色光(彩虹的七色)所組成。此外,他也依據光的直進性和反射的性質,提出了光的粒子說。

牛頓在從事光的研究的過程中,明白了伽利略等人使用的折射式望遠鏡沒有辦法消除色差(chromatic aberration,透鏡對不同波長的色光有不同的折射率,而無法把所有光線聚焦在同一點上)的問題所在。為此,他研發出牛頓式望遠鏡,也就是現在的「反射式望遠鏡」。在《光學》一書中,就連這種望遠鏡所使用的主鏡材質都有詳細記載。由於這種望遠鏡的發明,牛頓被推薦成為科學界最高權威皇家協會的成員。

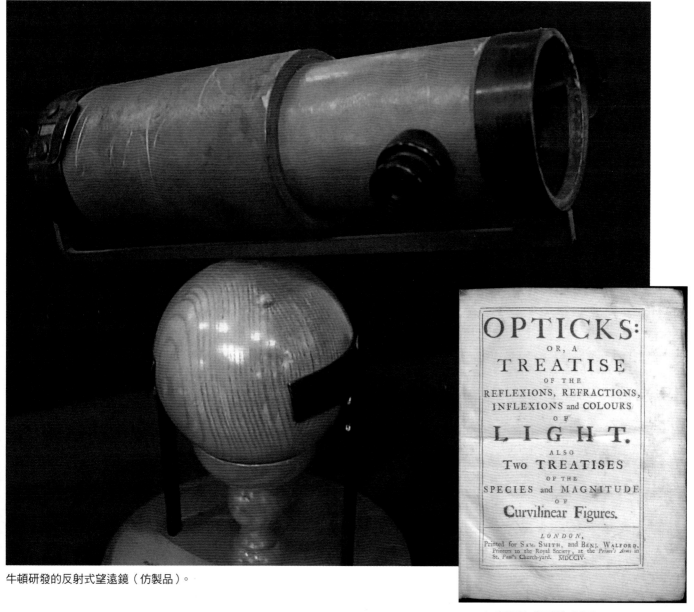

牛頓研發的反射式望遠鏡(仿製品)。

OPTICKS:
OR, A
TREATISE
OF THE
REFLEXIONS, REFRACTIONS,
INFLEXIONS and COLOURS
OF
LIGHT.
ALSO
Two TREATISES
OF THE
SPECIES and MAGNITUDE
OF
Curvilinear Figures.

LONDON,
Printed for SAM. SMITH, and BENJ. WALFORD,
Printers to the Royal Society, at the Prince's Arms in
St. Paul's Church-yard. MDCCIV.

1704年出版的《光學》封面。

把天文學者的目光從太陽系擴展到銀河系

赫歇爾（William Herschel，1738～1822）是德國出身的音樂家，到了英國卻成為一位功績顯赫的天文學家。他因為自己製造巨大望遠鏡、發現了天王星而聞名於世。

赫歇爾基於觀測眾多星星的經驗，於1784年提出了自創的「宇宙模型」。

赫歇爾把夜空分割成超過600個區域，再使用自製的口徑47公分望遠鏡分別觀測各個區域，清點其中的恆星顆數。他假設恆星是均勻分布，根據各區恆星顆數統計結果，歸納出包括太陽在內的恆星大集團（銀河系）是一個呈現凸透鏡形狀的宇宙模型。

赫歇爾認為，在銀河中可以看到繁星閃爍，是因為銀河呈現凸透鏡狀的薄圓盤形，且太陽系也在其中的緣故。也就是說，如果從凸透鏡內部看出去的話，往透鏡邊緣的方向上有無數顆恆星層層疊疊，所以看起來就像一條圍繞著太陽系的明亮帶子。赫歇爾推估這個凸透鏡的直徑約6000光年，而太陽位於其中心附近。如今雖然已知該數值和凸透鏡中太陽的所在位置都是錯的，但赫歇爾的宇宙模型把天文學家的目光從太陽系擴展到銀河系，可說是一項劃時代的發現。

赫歇爾的測量方法

赫歇爾依據恆星的數量推測銀河系（宇宙）的形狀。當時他做了三個假設：所有恆星的絕對亮度都相等、恆星的分布完全均勻、能夠看穿到銀河系（宇宙）的邊緣。儘管赫歇爾本身也注意到這些假設不太合理，但是以當時的技術和知識尚無法解決這個問題。

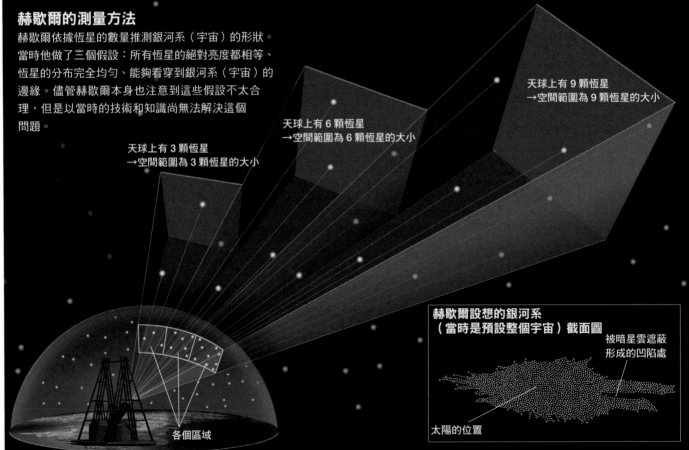

天球上有 9 顆恆星
→空間範圍為 9 顆恆星的大小

天球上有 6 顆恆星
→空間範圍為 6 顆恆星的大小

天球上有 3 顆恆星
→空間範圍為 3 顆恆星的大小

各個區域

赫歇爾設想的銀河系
（當時是預設整個宇宙）截面圖

被暗星雲遮蔽
形成的凹陷處

太陽的位置

使用望遠鏡觀測天球的各個區域並清點其中的恆星顆數，再依據數量推估延伸出去的範圍。本圖把區域的大小做了誇大呈現。實際上，赫歇爾所觀測的各個區域大小只有半個滿月的程度。

本圖為把赫歇爾想像的銀河系從太陽位置剖開的截面圖。赫歇爾認為太陽位於銀河系的中心附近。宇宙塵特別濃密的「暗星雲」區域難以看到恆星，故在其模型中形成了不自然的「凹陷」。

天才所提出的重力扭曲時空的理論

　　愛因斯坦（Albert Einstein，1879～1955）是在人類史上留下最高科學成就的科學家之一。出生於德國的愛因斯坦在其年輕時期，學業成績各科落差很大，只有數學和物理表現得非常優異。由於他對討厭的科目不屑一顧，人緣似乎也不太好，所以大學畢業後未能留校擔任助教。

　　透過朋友父親的介紹，愛因斯坦在瑞士的專利局謀得一職，他在工作之餘潛心研究喜愛的物理問題，陸續發表了「光量子假說」、「布朗運動的理論」、「狹義相對論」等多篇論文。這些成就使他獲得了蘇黎世大學的副教授職位，後來又於1916年提出「廣義相對論」。

　　愛因斯坦根據該理論建立了重力場的方程式，用來計算動量與能量所造成的時空（時間和空間）曲率，亦即說明了時空會因巨大的重力（質量）而扭曲。時空的扭曲會使遠方恆星傳來的光彎曲，從地球上看到的恆星位置也會因為太陽的重力而稍微偏移。具有巨大重力的黑洞會使周圍的時空大幅扭曲，故通過黑洞附近的光也會大幅轉彎。因此，有時候會發生遠方星系看起來完全扭曲變形的現象（重力透鏡效應，第18頁）。

　　如果把廣義相對論套用於宇宙，就會得到宇宙會膨脹或收縮的結論。但是，愛因斯坦篤信宇宙不會隨時間變化，因此他決定將方程式加以修正，加入了一個「宇宙常數項」（cosmological constant term），使方程式能夠得到「靜止宇宙」的答案。但是，不久之後哈伯（第19頁）便發現了宇宙正在膨脹的證據，所以後來愛因斯坦說：「宇宙常數項的導入是一個失誤。」不過，由於現在發現了暗能量等的存在，使得這個宇宙常數項在另一個意義上復活了。

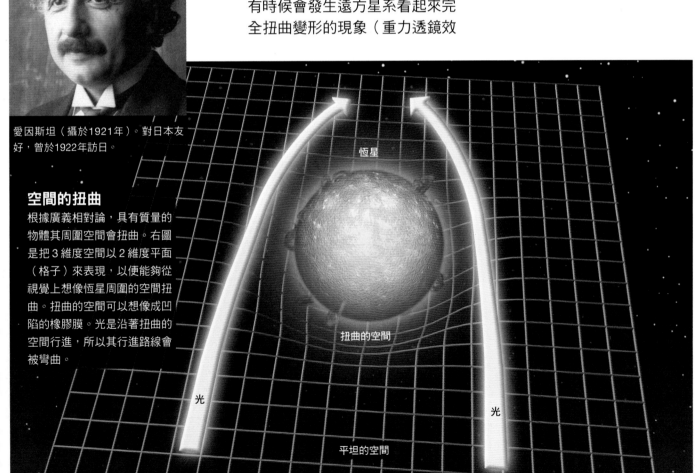

愛因斯坦（攝於1921年）。對日本友好，曾於1922年訪日。

空間的扭曲

根據廣義相對論，具有質量的物體其周圍空間會扭曲。右圖是把3維度空間以2維度平面（格子）來表現，以便能夠從視覺上想像恆星周圍的空間扭曲。扭曲的空間可以想像成凹陷的橡膠膜。光是沿著扭曲的空間行進，所以其行進路線會被彎曲。

恆星

扭曲的空間

光

光

平坦的空間

註：把光的彎曲做了誇大呈現。

天體的強大重力
產生了透鏡般的作用

「重力透鏡效應」（gravitational lensing）是指有如透鏡使光折射一般，天體的重力使光曲折的效應，可利用廣義相對論加以說明。星系及星系團等大質量天體具有強大的重力，會使周圍的空間產生大幅度扭曲。因此，遠方天體的光在通過這些地方時，其行進路線會大幅度地彎曲，導致遠方天體的影像看起來扭曲變形了。

從地球上看去，如果遠方天體位於重力透鏡的中心軸上，則天體的影像會變成完全的環狀，稱為「愛因斯坦環」（Einstein ring）。如果偏離中心軸，就會呈現弧形影像。在哈伯太空望遠鏡攝得的宇宙深處影像中，可以看到多個顯示出重力透鏡效應的星系（第163頁）。

近年來科學家正在研究，利用由於重力透鏡效應而分成兩個影像的類星體（quasar），求算與宇宙膨脹有關的哈伯常數（Hubble constant）。這是依據通過重力透鏡的兩道光抵達地球的時間差，以及作為透鏡的星系重力來進行計算。依此計算出來的宇宙膨脹速度，比目前所認為的速度還要快上許多（宇宙的膨脹遠比原先以為的更快）。

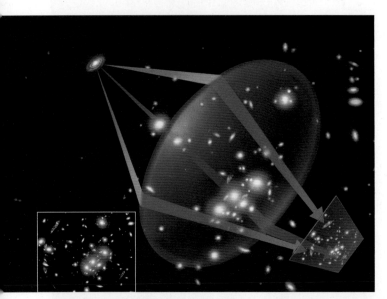

相片左下方的數個彎曲藍色影像全都是同一個螺旋星系。由於中央的星系團具有強大的重力場，使得背後的螺旋星系傳來的光的行進路線彎曲了，而且被放大、扭曲，結果呈現出五個變形的影像。其中一個位於星系團的中央附近，其餘幾個大致位於同心圓上。相片右下方的插圖顯示其中三個影像的形成機制。

終於偵測到空間扭曲
擴散開來的「重力波」

在愛因斯坦的廣義相對論所預言的各種現象之中，最後被觀測到的是「重力波」（gravitational wave）。當具有重量（質量）的物體晃動，空間的扭曲就會以波的形式向周圍擴散開來，這就是重力波。至今以來，許多國家的研究機構都在嘗試偵測這個重力波。

要偵測重力波，就必須有大型的觀測裝置才行。過去一直是使用共振型觀測裝置或雷射干涉儀（laser interferometer），目前則以使用雷射干涉儀進行觀測為主流（第174頁）。其原理是把一個發振器發射出去的雷射光分為兩個方向直進，分別往返數公里的路徑，再觀測反射回來時是否產生干涉條紋。不過，重力波所造成的空間扭曲量，相對於太陽與地球之間的距離1億5000萬公里只有0.1奈米（0.0000001毫米）而已，極其微小。

2016年2月，美國的研究團隊宣布首次直接偵測到重力波。根據偵測結果，這是兩個黑洞形成聯星之後，在合併過程中產生的重力波。這兩個黑洞的質量分別是太陽的36倍和29倍，合併後成為太陽質量62倍的大黑洞，其能量遠勝過超新星爆炸。2017年8月又偵測到中子星合併所產生的重力波，這是第一次利用可見光、紅外線等也能觀測到重力波。

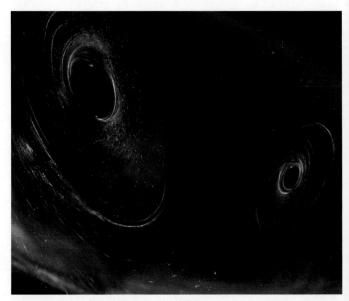

必須是質量非常大的物體以非常快的速度在運動，才能產生足夠強大的重力波，讓我們在地球上也能偵測到。首次偵測到的重力波，是在兩個黑洞合併的過程中產生的。

星系到地球的距離與其退行速度成正比

哈伯（Edwin Hubble，1889～1953）年輕時不僅學業成績優異，還是一名運動健將。他在芝加哥大學專攻數學和天文學，同時也是被職業拳擊界積極網羅的拳擊好手。畢業後，他前往英國牛津大學鑽研法學，然後回到母國從事律師及籃球隊教練等工作。第一次世界大戰爆發時哈伯投筆從戎，戰後回頭研究天文學、取得了博士學位，接著前往威爾遜山天文臺擔任研究員，其後一直都在這座天文臺工作。

哈伯使用當時威爾遜山天文臺號稱世界最大口徑的望遠鏡，持續觀測星空。他利用造父變星（Cepheid variable）試著求算「仙女座星雲」（Andromeda Nebula）到地球的距離，結果發現它並非位於銀河系內部。仙女座星雲其實是一個在銀河系外的「仙女座星系」（Andromeda Galaxy）。這顯示出我們的銀河系只不過是宇宙中無數星系的其中一個。

1929年，哈伯比較了多個星系的距離及光譜的關係，發現星系的光譜往紅方偏移，就是所謂的「紅移」（red shift）。他認為這代表星系在遠離我們而去，因此發生「都卜勒效應」（Doppler effect）導致光的波長拉長了。他發現離我們越遠的星系紅移的程度越大，因此星系到地球的距離與其退行速度成正比，也就是「哈伯-勒梅特定律」（Hubble-

Lemaître law）。退行速度與距離的比例稱為「哈伯常數」，距離每增加1Mpc（約326萬光年）則退行速度增加秒速67.15公里。

位於遠方的星系及類星體的距離，可利用觀測鄰近星系求得的這個哈伯常數與退行速度來計算。哈伯不認為銀河系位於宇宙中的特別位置。如此一來，無論從什麼地方看去，星系都必定是以相同的樣式退行。哈伯-勒梅特定律成了宇宙每個角落都在各向同性（isotropy）地膨脹的強力證據。

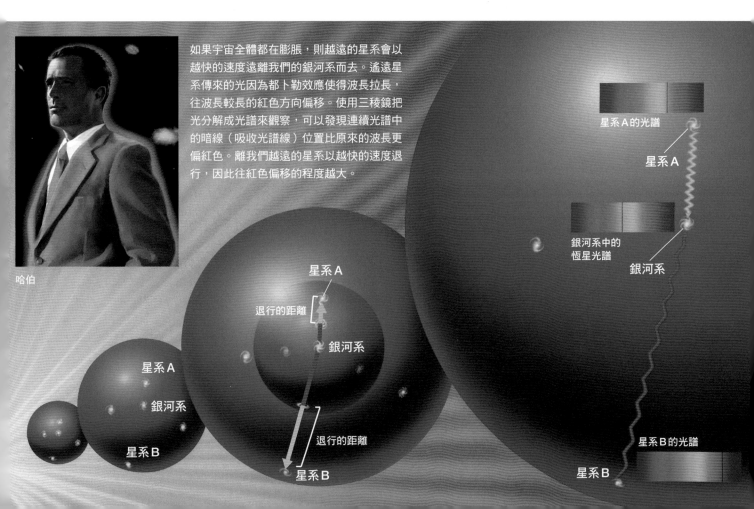

哈伯

如果宇宙全體都在膨脹，則越遠的星系會以越快的速度遠離我們的銀河系而去。遙遠星系傳來的光因為都卜勒效應使得波長拉長，往波長較長的紅色方向偏移。使用三稜鏡把光分解成光譜來觀察，可以發現連續光譜中的暗線（吸收光譜線）位置比原來的波長更偏紅色。離我們越遠的星系以越快的速度退行，因此往紅色偏移的程度越大。

星系A

退行的距離

銀河系

星系A

銀河系

星系B

星系A的光譜

星系A

銀河系中的恆星光譜

銀河系

星系B的光譜

退行的距離

星系B

星系B

宇宙剛誕生時充滿光的能量的火球宇宙

「大霹靂」（Big Bang）是指由於宇宙剛誕生時發生急速膨脹（Inflation，暴脹）所形成的超高溫宇宙。如果逆推哈伯所發現的宇宙膨脹，最後可追溯至宇宙誕生的瞬間，即宇宙初期的樣貌。大霹靂原本指的就是爆炸性膨脹，但是當初的大霹靂理論無法說明宇宙剛誕生時無限大能量和急遽膨脹的起源。後來，藉由暴脹理論（第22頁）和量子論總算解決了這個問題，奠定了大霹靂宇宙論的基礎。

現在的主張是宇宙一誕生便發生暴脹，在10^{-33}秒後藉由真空的相變（phase transition）釋放出龐大的能量，使得宇宙充滿了光、物質及熱。這就是大霹靂。

在宇宙誕生100萬分之1～10萬分之1秒後的超高溫初期宇宙中，可能充滿了夸克（quark）和電子之類的基本粒子。不久之後，由夸克結合而成的質子和中子四處飛竄（下圖），宇宙誕生大約3分鐘後，氫原子核和氦原子核形成。但由於溫度過高，原子核無法和電子密切結合，要等到很久以後才會開始形成原子。

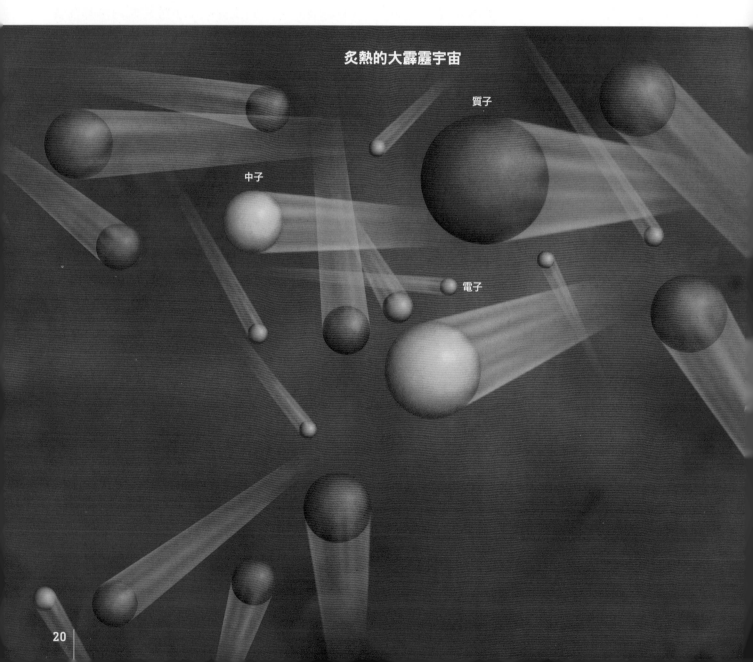

炙熱的大霹靂宇宙

質子

中子

電子

大霹靂結束時的光均勻地充滿宇宙

所謂的「宇宙微波背景輻射」（cosmic microwave background radiation）是一種均勻地充滿整個宇宙的輻射。1965年，美國貝爾實驗室的彭齊亞斯（Arno Penzias，1933～）和威爾遜（Robert Wilson，1936～）在研究如何消除天線的雜訊時，偵測到了一種無論如何都無法消除的電波，他們就這樣在偶然間發現了宇宙微波背景輻射。

根據大霹靂理論，宇宙初期的溫度非常高，輻射是和物質處於平衡狀態的「黑體輻射」（black body radiation）。後來宇宙繼續膨脹，溫度逐漸降低，到了某個時期（宇宙放晴）輻射和物質失去了平衡。這個時間點的黑體輻射由於隨著膨脹產生的紅移，導致波長漸漸拉長，如今輻射強度高峰來到了電波的區段。這個根據理論計算出來的輻射溫度和觀測到的電波溫度（3K）一致，

於是宇宙微波背景輻射就成了大霹靂宇宙論的有力證據。

後來偵測到的宇宙微波背景輻射在宇宙的任何方向上都均勻分布。但是，若要形成星系及星系團等宇宙的結構，初期的物質分布必須不均勻才行。人們為了解開這個謎題於1990年代發射宇宙背景探測者（COBE）衛星，結果發現了10萬分之1程度的微小溫度變動，為宇宙的結構形成理論提供了極重要的線索。

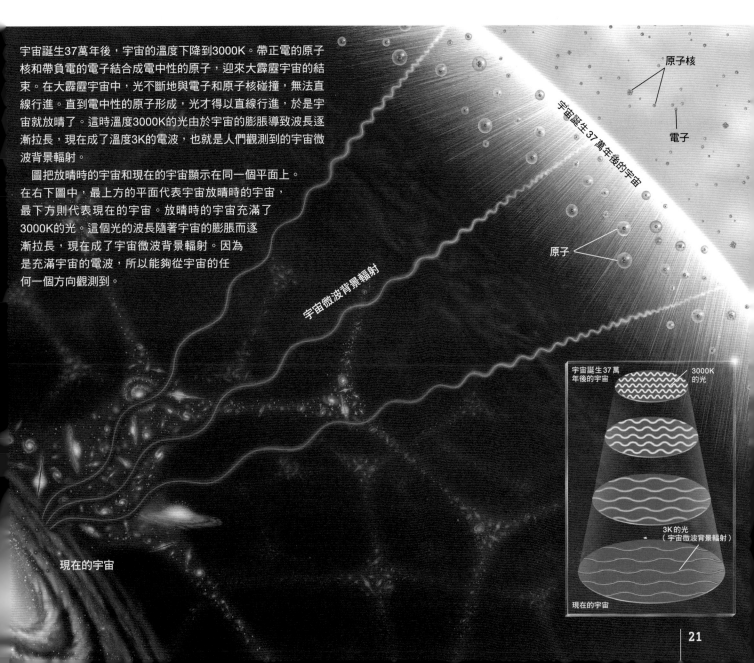

宇宙誕生37萬年後，宇宙的溫度下降到3000K。帶正電的原子核和帶負電的電子結合成電中性的原子，迎來大霹靂宇宙的結束。在大霹靂宇宙中，光不斷地與電子和原子核碰撞，無法直線行進。直到電中性的原子形成，光才得以直線行進，於是宇宙就放晴了。這時溫度3000K的光由於宇宙的膨脹導致波長逐漸拉長，現在成了溫度3K的電波，也就是人們觀測到的宇宙微波背景輻射。

圖把放晴時的宇宙和現在的宇宙顯示在同一個平面上。在右下圖中，最上方的平面代表宇宙放晴時的宇宙，最下方則代表現在的宇宙。放晴時的宇宙充滿了3000K的光。這個光的波長隨著宇宙的膨脹而逐漸拉長，現在成了宇宙微波背景輻射。因為是充滿宇宙的電波，所以能夠從宇宙的任何一個方向觀測到。

原子核

電子

宇宙誕生37萬年後的宇宙

原子

宇宙微波背景輻射

現在的宇宙

宇宙誕生37萬年後的宇宙

3000K的光

3K的光（宇宙微波背景輻射）

現在的宇宙

逆推宇宙膨脹
而發現的真相

當世人明白宇宙正在膨脹之後，有個人靈機一動：如果把時間逆向反推，應該能夠回溯到宇宙的開端吧！這個人就是加莫夫（George Gamow，1904～1968）。加莫夫認為，如果宇宙變得體積極小且密度極高，將會成為一個超高溫的火球。但這個想法大幅偏離了當時的主流宇宙觀（恆定宇宙論），因此被挪揄為「大霹靂宇宙論」。不過，這個名稱似乎反而讓加莫夫感到欣喜萬分。

加莫夫設想了宇宙誕生的火球溫度，並預測它會隨著宇宙膨脹而擴散開來（宇宙微波背景輻射，第21頁），如今觀測到的溫度應為5K（克耳文）。其後，COBE衛星等裝置偵測宇宙微波背景輻射，揭示了其溫度為3K，從而證明了加莫夫的預測正確，恆定宇宙論也就被大霹靂宇宙論取代了。

加莫夫非常積極推動科學普及化，留下了許多以社會大眾為對象的科學著作。

出生於俄羅斯的加莫夫厭惡俄羅斯帝國窒息苦悶的氣氛，因此移居美國，在科羅拉多大學從事研究工作。

兩位科學家的靈光一閃
證明了宇宙的開端

「暴脹理論」（Inflation Theory）證明了大霹靂宇宙論的正確性。1981年，日本東京大學的佐藤勝彥（1945～）和美國的古斯（Alan Guth，1947～）幾乎在同一時間提出了相同的理論，主張宇宙在誕生10^{-36}～10^{-33}秒之後的期間發生了急遽的膨脹（暴脹）。

剛誕生的宇宙擁有極高的真空能量。這個能量和愛因斯坦加至重力方程式的宇宙常數項一樣，會促使空間急遽膨脹 —— 也就是暴脹。

如果暴脹使宇宙的溫度下降到了某個程度，宇宙就會發生相變，從能量較高的真空轉變成為能量較低的新真空。如同水轉變成冰的相變一樣，宇宙的相變也會把新真空和舊真空的能量差以熱

的形式釋放出來。由此所形成的炙熱宇宙就是大霹靂。

暴脹理論說明了為什麼現在的宇宙如此均勻，每個角落的溫度幾乎都相同。即使原初的宇宙有所不勻，只要這個不勻的程度沒有增加、僅是整體擴大，到後來也會變得均勻而成為現今我們的宇宙，這就是依據暴脹理論推導出來的宇宙創生樣貌。而且這一點已經藉由宇宙微波背景輻射的觀測及星系的分布資料等獲得證實。

最初提出暴脹理論的佐藤勝彥將之命名為「指數函數型膨脹模型」。佐藤表示打算利用本身擅長的基本粒子物理學理論來說明宇宙的開端，那就是真空的能量。

另一方面，古斯從麻省理工學院畢業後，在幾所大學領導了最尖端的研究。雖然他比佐藤晚幾個月提出相同的暴脹理論，但是對一般人來說

「暴脹」這個詞比「指數函數型膨脹」更容易理解，所以後來都稱之為暴脹理論。

佐藤勝彥　　　　　古斯

利用真空能量引發急遽膨脹的宇宙

在量子論的世界中，黑洞會逐漸蒸發

霍金（Stephen Hawking，1942～2018）在英國劍橋大學從事理論物理學的研究時，罹患了肌萎縮性脊髓側索硬化症（俗稱漸凍人症）。儘管如此，他後來仍持續在宇宙研究的最前線活躍，直到2018年3月去世，享年76歲。

在霍金發表的眾多主張中，最有趣的項目之一為「霍金輻射」（Hawking radiation）。一般認為，由於黑洞會把所有的東西都吸進去，所以其質量只會越來越大。但是

霍金卻把量子論套用在黑洞上，表示黑洞會以和其質量成反比的溫度發光，因而逐漸地蒸發。

若以基本粒子層次的微小尺度來看真空的宇宙，則基本粒子和其反粒子（例如電子及電子的反粒子 — 正電子）會兩兩成對地產生及滅失。當這種粒子和反粒子的成對產生在黑洞的周圍空間發生，黑洞附近會有強大的潮汐力作用，使其中一個粒子往黑洞裡面飛進來，另一個因為反作用而朝遠方飛出去。

當黑洞放出粒子便會損失能

量，所以質量會逐漸減少。黑洞的質量越減少，溫度就升得越高，所以蒸發得更加劇烈。開始蒸發的黑洞越來越輕，就會隨之放出更多粒子，使周圍明亮起來。此外，黑洞質量減少而溫度升高，蒸發的速度也就越快，最後變成比蒸發更甚、幾近大爆炸的狀態，把全部的質量蒸發掉。

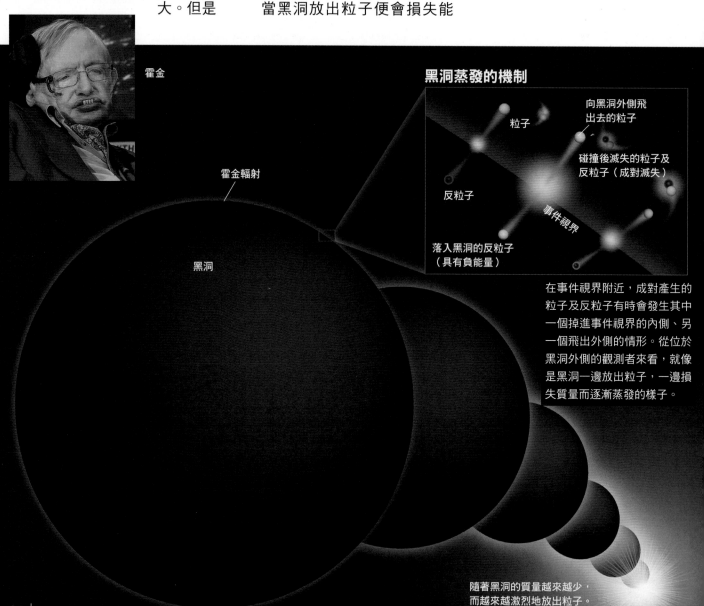

霍金

霍金輻射

黑洞

黑洞蒸發的機制

粒子

向黑洞外側飛出去的粒子

反粒子

碰撞後滅失的粒子及反粒子（成對滅失）

事件視界

落入黑洞的反粒子（具有負能量）

在事件視界附近，成對產生的粒子及反粒子有時會發生其中一個掉進事件視界的內側、另一個飛出外側的情形。從位於黑洞外側的觀測者來看，就像是黑洞一邊放出粒子，一邊損失質量而逐漸蒸發的樣子。

隨著黑洞的質量越來越少，而越來越激烈地放出粒子。

31 宇宙創生

宇宙可能是
從「無」誕生

　　根據最新的理論，宇宙可能是從「無」誕生。所謂的「無」是指時間、空間、物質、能量都沒有的狀態。

　　聽起來很像哲學式的問答，但確實是依據量子論在說明「宇宙從無誕生」。在非常短暫的時間內，時間、空間、能量一直在微微地變動，無法固定於一個值。偶然之間，由於「穿隧效應」（tunneling effect）從中誕生了一個超微小的宇宙。

　　穿隧效應是指微觀粒子以極小機率穿越了通常無法穿越的位能障壁（potential barrier）的現象。1982年，烏克蘭出生的美國宇宙論學者維連金（Alexander Vilenkin，1949～）主張，當宇宙越微小或真空能量越高，則藉由穿隧效應而誕生宇宙的機率就越高。因此，該概念也被稱為維連金假說。

　　霍金利用宇宙波函數（cosmic wave function）進行計算的結果顯示，依據量子論，機率最高的宇宙演化過程與維連金的宇宙模型一致。

　　依據量子論，長度的最小極限為10^{-33}公分，而宇宙誕生時便是如此超微小的東西。

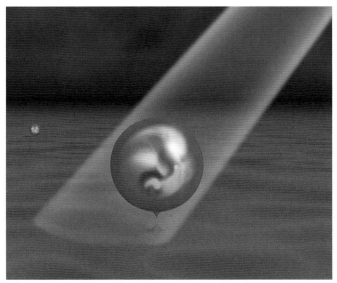

根據量子論，即使是連時間和空間都沒有的狀態「無」也無法維持原狀，而是一直在微微地變動著。宇宙可能是從這種無的微變之中誕生。剛誕生的宇宙是真空。但是，這個真空並非「什麼都沒有的空間」，其中充滿了各種波長的微小振動的波。

32 子宇宙

從剛誕生的宇宙
生出不同的宇宙

　　在宇宙初期的爆炸性膨脹「暴脹」階段，親宇宙生出了多個各自獨立的子宇宙。

　　在暴脹期間，宇宙發生真空的相變，真空能量從較高的狀態轉變成較低的狀態，不過，真空的相變並不是整個宇宙的每個地方都一齊發生。水結凍時，首先會形成小小的冰核，然後逐漸擴展開來。同樣地，舊真空之中會陸續形成新真空的範圍，然後新真空有如泡泡般逐漸擴大。

　　新真空的泡泡各自以光速膨脹起來，於是壓縮了舊真空的範圍。此時舊真空發生暴脹，進化成另一個「子宇宙」。有人認為這個子宇宙是和親宇宙全然不同的宇宙，藉由時空隧道「蟲洞」（第65頁）相連著，但目前並不確定。或許子宇宙也會依循相同機制誕生「孫宇宙」，產生無限個宇宙。

無數個宇宙

根據暴脹理論，剛誕生的宇宙會生出無數個子宇宙。子宇宙又會生出孫宇宙、玄孫宇宙，如此一代一代地生出無數個宇宙。這些宇宙的初期條件和物理法則等不盡相同，因此有可能是和我們的宇宙完全不同樣貌的宇宙。

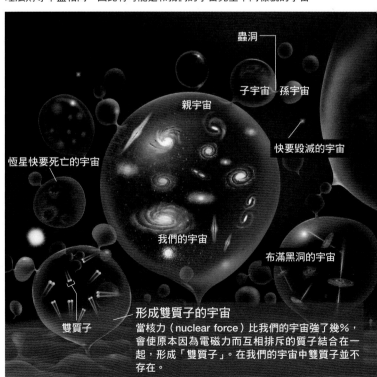

蟲洞

子宇宙　孫宇宙

親宇宙

快要毀滅的宇宙

恆星快要死亡的宇宙

我們的宇宙

布滿黑洞的宇宙

形成雙質子的宇宙
當核力（nuclear force）比我們的宇宙強了幾%，會使原本因為電磁力而互相排斥的質子結合在一起，形成「雙質子」。在我們的宇宙中雙質子並不存在。

雙質子

原子形成後
光就能夠直線行進了

　　宇宙剛誕生時密度太高，連光也無法直線行進，可謂一片混沌。直到宇宙誕生大約37萬年後，光終於能夠自由地飛來飛去，此時能夠看到極遠之處的清澈景象，故稱之為「宇宙放晴」（clear up of the universe）。

　　宇宙的物質是在宇宙誕生後3分鐘內製造出來的。率先產生的是夸克、輕子等現今物質的基本要素。接著，由3個夸克結合而成的質子和中子形成。再來，質子和中子結合成重氫、氦的原子核。這個時期的宇宙，由於光被電子散射而無法直線行進，所以仍處於不透明的狀態。

　　其後，宇宙的溫度下降到3000K，電子被原子核捉住而形成原子，使得光終於能夠自由地飛行。

　　這個瞬間存在的輻射逐漸拉長波長，如今成為溫度3K的黑體輻射，充滿了整個宇宙，即「宇宙微波背景輻射」。宇宙放晴之後，逐漸產生了恆星、星系、星系團等現在所看到的天體。

宇宙的年齡可能是
138億歲

　　如果逆推宇宙膨脹，最後宇宙會縮成一個點，而這段過程所需的時間就是宇宙的年齡。若要確定這件事，就必須先確定宇宙膨脹的速度。現在的宇宙膨脹速度，只要調查天體的都卜勒效應即可明白。不過，宇宙不見得總是以固定的速度在膨脹。

　　宇宙的膨脹速度理應會依宇宙中存在的物質量而不同。如果宇宙中的物質比較多，則重力會抑制膨脹甚至轉而收縮吧！相反地，如果物質比較少，即便膨脹速度降低依舊會持續膨脹。也就是說，宇宙的年齡會依它擁有多少質量而不同。

　　1998年依據觀測結果，得知宇宙正在加速膨脹中。這意謂著宇宙中有促使宇宙膨脹的不明能量（暗能量）存在。

　　利用COBE衛星進行觀測所發現的宇宙初期之物質濃淡，與宇宙中存在的物質量、能量等因素有關。如果能確定這些因素，便能據以推定宇宙的年齡。

　　ESA（歐洲太空總署）利用觀測宇宙微波背景輻射的普朗克衛星（Planck Satellite）進行精密觀測，結果顯示宇宙中的物質有68.3%為暗能量、26.8%為暗物質、剩下的4.9%為普通物質，從而更加詳細地了解宇宙是如何膨脹起來的。後來，推算出宇宙的年齡為138億歲。

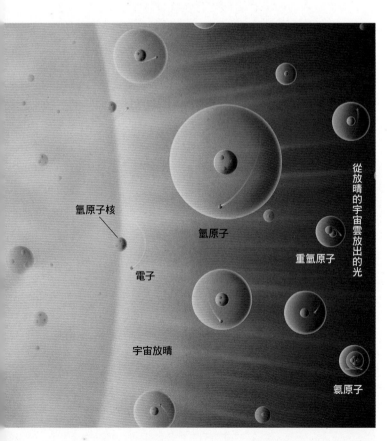

氫原子核

氦原子

電子

氦原子

重氫原子

宇宙放晴

氦原子

從放晴的宇宙雲放出的光

ESA普朗克衛星所觀測到的宇宙初期的「宇宙微波背景輻射圖」。

宇宙中存在著目前看不到的物質

在這個宇宙中，我們看不到的物質遠比我們看得到的物質還要多上許多。這種看不到的物質稱為「暗物質」（dark matter）。科學家認為暗物質確實存在於宇宙之中，但因為沒有放射出電磁波，所以我們無法看見，也不知道其本體為何。最有可能的暗物質候選者應為「WIMP」（weakly interacting massive particles，大質量弱相互作用粒子），這是一群包括「微中子」等尚未發現之粒子在內的具有弱相互作用的重粒子。

科學家調查星系內的恆星運動與星系團內的星系運動，發現只憑觀測到的天體並不足以產生和其運動取得平衡的重力。這也就是說，似乎有大量我們看不到的物質存在，且其重力會影響天體運動。

第一次指出該現象是在1930年代。根據後來的研究，推測宇宙有90％以上是由暗物質構成。然而最新的觀測則顯示，暗物質占了宇宙的26.8％。

日本的X射線觀測衛星「ASCA」（Advanced Satellite for Cosmology and Astrophysics，宇宙與天體物理先進衛星）偵測了天爐座星系團的暗物質分布。有些研究者認為，暗物質可能不是由單一物質構成，而是由多種物質構成。

螺旋星系的旋轉速度

螺旋星系的中心部位聚集著大量恆星，發出非常明亮的光輝。因此，以前認為星系的物質也是集中在中心區域。如果星系的物質真的集中在中心區域，那麼星系的重力就會越靠內側越強大。由於螺旋星系在旋轉，所以恆星會受到往外的離心力作用。重力越強的地方需要越大的離心力才能保持平衡，所以應該會旋轉得越快。也就是說，越靠內側則旋轉速度越快，越靠外側則旋轉速度越慢（下圖）。

但是，美國的魯賓（Vera Rubin，1928～2016）等人透過觀測發現，實際的星系旋轉速度在內側和外側幾乎沒有差別。這意謂著，星系的外側和內側具有幾乎相同大小的重力。也就是說，在星系中心以外的地方也有大量不發光的「某物」分布。這種不發光的物質被稱為「暗物質」，其本體是宇宙論最大的謎題之一。

星系

暗物質
（實際上看不到）

假設沒有暗物質時的星系旋轉

離心力

重力

旋轉速度

越靠中心則旋轉速度越快

星系團的暗物質

構成星系團的星系各朝不同的方向運動。即使把星系團所有星系的重力加在一起，也無法維繫這些運動。也就是說，如果只有星系的重力，星系團理應會無法聚成一團而崩解離散。由此可以推測，眾多星系可能是靠著大量看不到的暗物質的重力維繫在一起（在右圖中，描繪成以鏈條相連在一起的意象）。

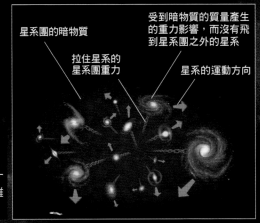

星系團的暗物質

拉住星系的星系團重力

受到暗物質的質量產生的重力影響，而沒有飛到星系團之外的星系

星系的運動方向

加速宇宙膨脹的神祕能量

宇宙迄今仍在持續膨脹中。一般或許會認為，這個膨脹會因為宇宙中的物質的重力，而逐漸降低膨脹速度。

但實際上宇宙不僅沒有收縮，還一直在膨脹。科學家甚至在1998年公布，宇宙的膨脹速度不斷在增加。這表示宇宙中有促使膨脹加速的「某物」存在，而這種促使宇宙加速膨脹的反重力能量，我們完全無法掌握其本體，故稱之為「暗能量」（dark energy）。

藉由觀測宇宙微波背景輻射以及各地「Ia型超新星」到地球的距離與退行速度，可調查宇宙膨脹的樣態。結果顯示，宇宙一直到大霹靂大約90億年後（距今大約50億年前）為止，膨脹速度都是逐漸變小（減速膨脹），但在那之後膨脹速度反而漸漸地變大（轉為加速膨脹）。

物質隨著宇宙膨脹漸漸地分散開來，密度逐漸減小，使得減速的比例跟著逐漸變小。但是，促使宇宙加速膨脹的暗能量作用並無太大改變，因此有可能是在大約50億年前暗能量取得了優勢。

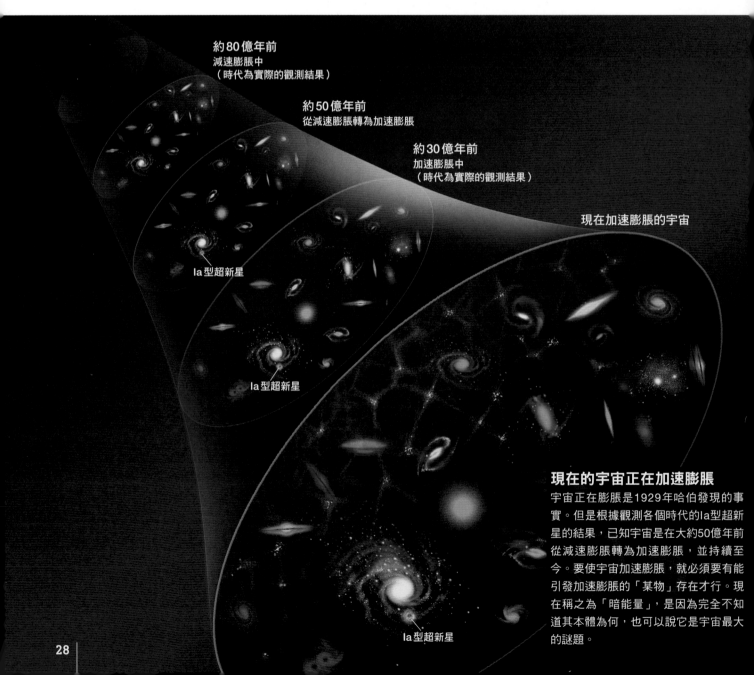

約80億年前
減速膨脹中
（時代為實際的觀測結果）

約50億年前
從減速膨脹轉為加速膨脹

約30億年前
加速膨脹中
（時代為實際的觀測結果）

現在加速膨脹的宇宙

Ia型超新星

Ia型超新星

Ia型超新星

現在的宇宙正在加速膨脹

宇宙正在膨脹是1929年哈伯發現的事實。但是根據觀測各個時代的Ia型超新星的結果，已知宇宙是在大約50億年前從減速膨脹轉為加速膨脹，並持續至今。要使宇宙加速膨脹，就必須要有能引發加速膨脹的「某物」存在才行。現在稱之為「暗能量」，是因為完全不知道其本體為何，也可以說它是宇宙最大的謎題。

從大小為零的「點」到「弦」

「超弦理論」(superstring theory)是把基本粒子視為弦來思考的理論。所謂的基本粒子,是指科學家認為無法再分割的自然界最小單位,例如電子、上夸克、下夸克、光子(光的基本粒子)、重力子(graviton,傳遞重力的基本粒子)等。上夸克和下夸克是構成「質子」(proton)和「中子」(neutron)的基本粒子,而質子和中子是構成原子核的要素。

以往的物理學把基本粒子當成大小為零的「點」來處理,但是超弦理論認為基本粒子是長約 10^{-35} 公尺(不同理論模型所主張的長度不盡相同)的弦。超弦理論主張所有基本粒子都是由相同的弦所構成,極小的弦具有各式各樣的振動方式,而這些差異會成為我們看到的不同基本粒子的差異(質量及電荷等的差異)。

超弦理論以弦與弦的碰撞、合併、分離等來說明一切現象。也就是說,弦支配著整個自然界。

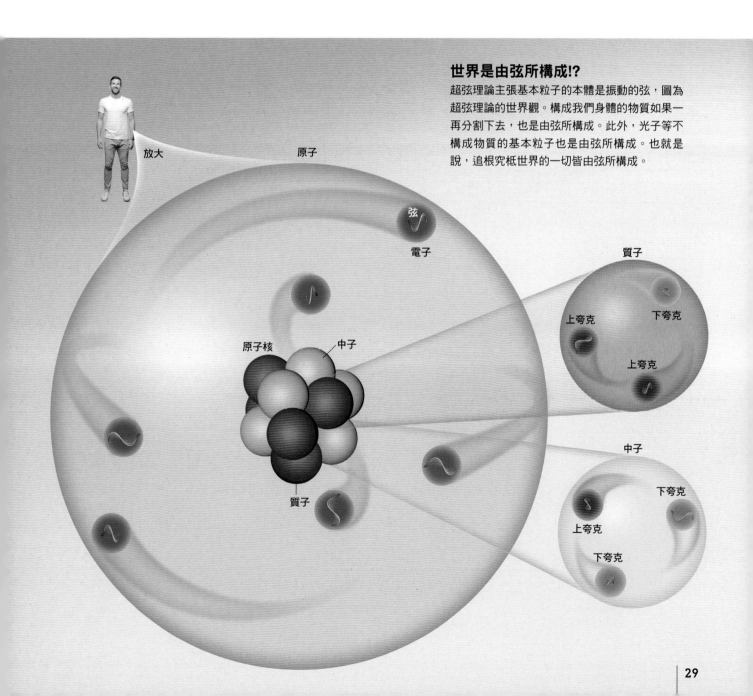

世界是由弦所構成!?

超弦理論主張基本粒子的本體是振動的弦,圖為超弦理論的世界觀。構成我們身體的物質如果一再分割下去,也是由弦所構成。此外,光子等不構成物質的基本粒子也是由弦所構成。也就是說,追根究柢世界的一切皆由弦所構成。

放大

原子

弦

電子

質子

上夸克

下夸克

上夸克

原子核

中子

質子

中子

下夸克

上夸克

下夸克

宇宙或許是懸浮在高維度空間的「膜」

我們的宇宙是由空間的3個維度和時間的1個維度所構成的4維度時空。不過,也有宇宙模型主張,宇宙可能是鑲嵌在更高維度時空之中的膜狀時空,該模型稱為「膜宇宙假說」(brane world hypothesis)。

如果把基本粒子視為一個點,則唯獨重力無法以基本粒子之間的反應加以說明。因此,出現了主張物質最小單位是「弦」(string)(第29頁)的「超弦理論」。

根據超弦理論,空間必須是10個或11個維度,才能建構不矛盾的理論。現在已有5種超弦理論被提出,也有人試圖以「M理論」(M-theory)來統整這些超弦理論。

這個M理論的關鍵可能是一種稱為「膜」(brane)的膜狀物。超弦理論主張開放的弦(開弦)其兩端必定黏附在膜上,只能在膜上移動,無法脫離到膜外。

有人把這個概念進一步發展,在1999年左右提出「膜宇宙假說」,主張宇宙是黏附在膜上。

在以膜宇宙為基礎的宇宙論之中,也有人企圖以2片膜的碰撞來說明宇宙創生,對此進行各種研究。隨著未來各項研究的發展,膜宇宙極有可能改寫現今的宇宙論。

再者,目前已知物質和光等開弦黏在膜上無法脫離,但是傳遞重力的「重力子」卻是閉弦,而一部分閉弦能夠飛出膜外,逃逸到高維度空間。

如今瑞士的歐洲原子核研究組織(CERN)正在使用大型強子對撞機「LHC」(Large Hadron Collider)偵測其徵兆,試圖證實額外維度的存在。

膜宇宙的示意圖

以2維度平面(膜宇宙)表現我們的3維度宇宙,把看不到的「另一個維度」視覺化。有人認為,高維度空間裡除了我們的宇宙之外,可能還有其他的膜宇宙、高維度黑洞、黑環(black ring)存在。由於光無法傳送到高維度空間,故無法直接看到其他的膜宇宙、高維度黑洞等。唯獨傳達重力的基本粒子「重力子」(描繪成半透明球)能夠傳送到高維度空間,所以未來或許能夠透過重力來確定這些天體的存在。超弦理論主張重力子是由「閉弦」(繪於半透明球的內部)所構成。

另一個膜宇宙

高維度空間

黑環

黑洞

膜宇宙

重力子
(內部為閉弦)

人類還沒辦法知道宇宙的大小

世人都說浩瀚宇宙無垠無涯，然而宇宙究竟有多大呢？

這個答案目前還無人知曉。這是因為我們藉由偵測宇宙的光所能觀測到的範圍有其限度。

光以秒速約30萬公里的速度在行進。從越遠處發出的光，必須花越多時間才能抵達觀測者。因此，從越遠處傳來的光，是在越早的時間點發出來的。

一般認為宇宙在距今大約138億年前誕生。直到宇宙誕生大約37萬年後的這段期間，宇宙的光總是撞上當時在宇宙中四處飛竄的電子，而無法直線行進，所以當時宇宙呈現迷霧般的混沌狀態。等到宇宙誕生37萬年後，光終於得以直線行進。也就是說，這個「在宇宙誕生大約37萬年後開始直進，花了大約138億年抵達地球的光」就是我們能夠觀測到的最早（最遠處）發出的光。

那麼，我們能夠觀測到的宇宙有多大呢？從最遠處傳來的光花了大約138億年抵達地球，這表示我們能夠觀測到的宇宙範圍，應該就是以地球為中心、半徑大約138億光年的球形範圍吧！

事實上，宇宙正在膨脹，所以光源在這138億年期間也一直在退行，現在離我們更遠了。因此，能夠觀測到的宇宙範圍理應會比光行進而來的距離大得多。計算結果顯示，能夠觀測到的宇宙範圍是半徑約470億光年的球形範圍。

能夠觀測到的宇宙的大小

圖為能夠觀測到的宇宙範圍大小。我們能夠觀測到的最早（最遠處）發出的光，是來自宇宙誕生大約37萬年後、以現今地球位置算起半徑約4300萬光年之球面上的光源。而在宇宙誕生大約138億年後，光終於抵達地球。

光花了大約138億年的時間卻只行進了大約4300萬光年的距離，是因為宇宙在膨脹中。在光行進的同時，它與地球之間的距離也在不斷拉長。另一方面，光源隨著宇宙膨脹退行到距離地球大約470億光年的位置。因此，我們能夠觀測到的宇宙大小，是以地球為球心、半徑約470億光年的球形範圍。

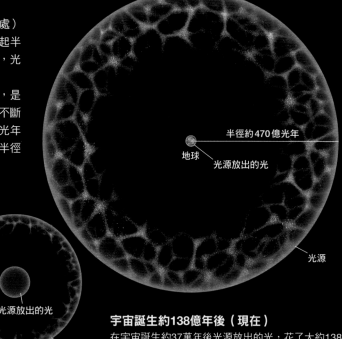

半徑約470億光年
地球
光源放出的光
光源

光源放出的光
光源

半徑約4300萬光年
光源放出的光
光源
現今地球
所在位置
宇宙剛誕生時
宇宙誕生
10^{-33}秒後（大霹靂）

宇宙誕生約138億年後（現在）

在宇宙誕生37萬年後光源放出的光，花了大約138億年抵達地球。另一方面，光源退行到以地球為球心、半徑約470億光年之球面上的位置。

從光源放出光至今，能夠觀測到的宇宙膨脹了大約1090倍。也就是說，現在光源與地球的距離（大約470億光年）是光源放出光時的距離的大約1090倍。由此可計算出，光源放出光時的位置是在以現今地球位置為球心、半徑約4300萬光年的球面上。

宇宙的未來掌握在暗能量手中？

如同第28頁所介紹的，這個宇宙正在加速膨脹中。引發加速膨脹的原因或許來自於不明本體的能量，也就是布滿宇宙空間的「暗能量」的作用。暗能量是一種能夠強力撐開宇宙空間的神奇能量。

暗能量的本體至今不明，可謂現代物理學最大的謎題之一。可以說宇宙的未來就是取決於這種暗能量（的密度）。由於其本體不明，所以未來暗能量會維持固定還是有所增減，目前為止還無法得知。

如果保持目前的狀況，那麼即使宇宙繼續膨脹，藉由重力的作用而集結的銀河系及太陽系也不會膨脹開來（下圖左）。可是一旦未來暗能量的密度增加，將使宇宙的加速膨脹更加劇烈，銀河系及太陽系就有可能隨之膨脹而分裂。接著，可能連原子也無法抵擋宇宙的膨脹，會隨之膨脹而裂解。這種宇宙的未來稱為「大撕裂」（Big Rip）（下圖右）。

另一方面，暗能量未來也有可能減少。如果是這樣，宇宙膨脹或許會從加速轉為減速。宇宙膨脹速度越來越慢，最後甚至有可能轉為收縮。星系隨著收縮越來越靠近，最後整個宇宙將會塌縮成一個點。這種宇宙的結局稱為

「大擠壓」（Big Crunch）（下圖中）。

當然，也有一些物理學者對此提出了不同的主張。有關對宇宙未來的預測，目前仍處於撲朔迷離的階段。

未來宇宙是否會膨脹至今不明

宇宙自誕生以來一直在膨脹。但是未來是否會以相同的步調繼續膨脹下去，目前無法確定。圖為未來宇宙依舊會繼續膨脹（左）、從膨脹轉為收縮（中）、更加劇烈地膨脹（右）的示意圖。

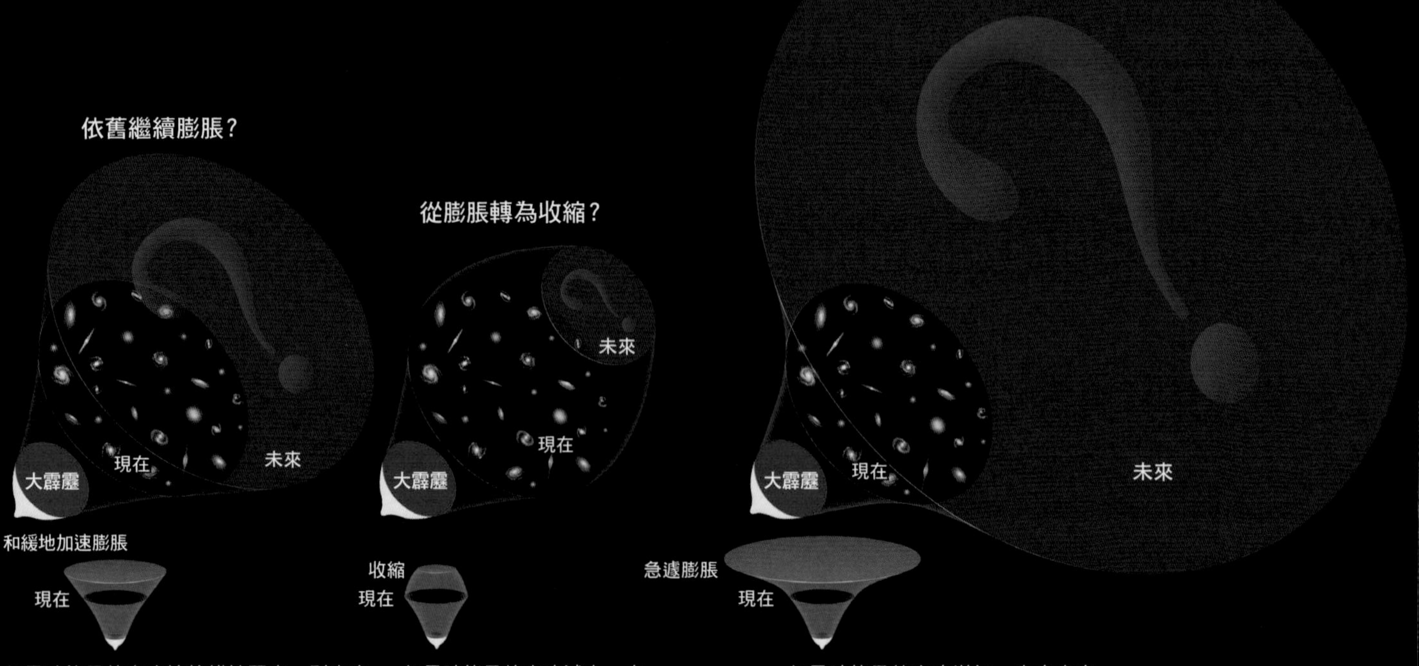

遠比先前的加速膨脹更急遽地膨脹？

依舊繼續膨脹？

從膨脹轉為收縮？

未來

現在

大霹靂　現在　未來

和緩地加速膨脹

現在

收縮
現在

大霹靂　現在

急遽膨脹

現在

大霹靂　現在　　未來

如果暗能量的密度始終維持固定，則宇宙未來會和先前一樣繼續和緩地膨脹。在這個狀況下，促使宇宙擴張開來的「力」為

如果暗能量的密度減少，宇宙可能會從膨脹轉為收縮。

如果暗能量的密度增加，宇宙未來會以比先前更快的步調急遽膨脹。

萬中選一的菁英太空人

現在，國際太空站（ISS）有多名太空人駐留。對於許多孩子來說，太空人是令人憧憬的職業之一，但是想成為一名太空人，首先必須通過重重難關的選拔測試才行。日本過去的應徵資格包括：自然科學科系畢業、具有自然科學領域的工作經驗3年以上、英語能力達到能夠溝通的程度等。進行文件審核及多次的各種選拔測試，以確認是否適合太空人的工作。

通過測試之後，還不能立刻被選為太空人。必須在模擬ISS的海底研究設施進行訓練，像是熟悉任務、適應無重力環境等。唯有通過嚴格訓練的人，才會被認定能夠成為太空人。

1992年，毛利衛成為日本的第一位太空人。其後也陸續誕生了多位太空人。1994年，向井千秋成為日本的第一位女性太空人，搭上哥倫比亞號太空梭。

2020年11月，野口聰一抵達ISS，進行半年左右的長期駐留。預定在2022年、2023年分別由若田光一、古川聰在ISS長期駐留。

進行無繫繩太空艙外活動的太空人
1984年完成了人類首次的無繫繩太空艙外活動。太空人揹著「MMU」（manned maneuvering unit，載人機動裝置），藉由噴出氮氣來控制姿勢及移動。現在為了安全起見，進行太空艙外活動時已經不再使用MMU，多改為把腳固定在伸出艙外的機械臂上。

2020年11月16日9時27分（日本時間），載著野口聰一等4名太空人的太空船發射升空。照片為發射前4名太空人走出甘迺迪太空中心建築物的場景。右起第2位向群眾揮手致意的人即為野口。

2020年11月17日13時1分（日本時間），太空船順利抵達ISS，完成對接。照片為太空船和ISS的聯結艙門打開後，野口進入ISS的場景。前一批駐留於ISS的太空人（身穿藍衣）熱情迎接。

2 恆星的璀璨一生

在 我們的銀河系內，有1000億～數千億顆像我們太陽那樣的恆星存在。恆星在星雲內部誕生，度過豐富且精彩的一生。各顆恆星會度過什麼樣的生涯，與它們的質量有著極為密切的關係。

在本章，一起來探究恆星的璀璨一生吧！

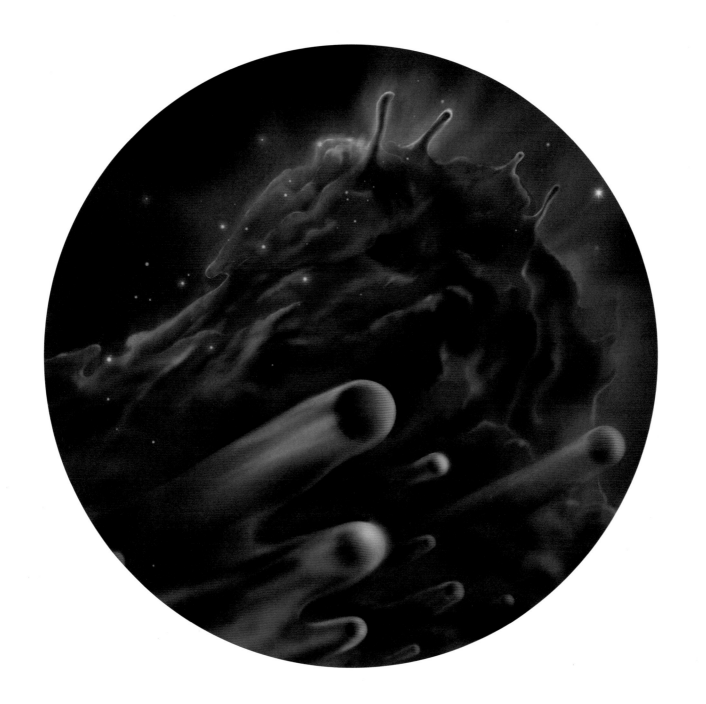

氣體團塊構成的雲朵狀天體

星雲（nebula）是指看起來像明亮雲朵的天體。星雲由高密度氣體和固體微塵粒子（分子雲）構成，依其樣貌不同可分成「暗星雲」（dark nebula）和「瀰漫星雲」（diffuse nebula）。

暗星雲是微塵粒子分布濃密的區域，因為遮住了後方的星光而一片漆黑。濃密的分子雲最後會孕育恆星而發光。南十字座的煤袋星雲（Coalsack Nebula）、獵戶座的馬頭星雲（Horsehead Nebula）都是著名的暗星雲。大小為10光年左右。

瀰漫星雲又分為「發射星雲」（emission nebula）和「反射星雲」（reflection nebula）。如果分子雲附近有放射出紫外線的高溫年輕恆星（剛誕生的恆星），雲的主要成分氫原子會被奪走電子（電離）。電離氫會發出特有的紅光並成為發射星雲，典型的例子有人馬座的亞米茄星雲（Omega Nebula）和礁湖星雲（Lagoon Nebula）。大小為數十光年。反射星雲是分子雲中的微塵粒子反射附近恆星的光而發亮的星雲。昴宿星團（Pleiades）周圍有好幾個著名的反射星雲。反射星雲的規模比發射星雲小得多，會發出藍色光芒。發射星雲和反射星雲常位於鄰近的區域。

暗星雲

暗星雲是由飄浮於宇宙的氣體和微塵組成的不發光低溫雲。其中的氣體分裂、收縮會產生恆星。恆星在誕生的過程中會形成高速旋轉的圓盤，射出噴流。圓盤中心有一個發出紅外線的明亮原恆星。巨蛇座的鷹星雲（Eagle Nebula）內的暗星雲就是蘊藏著多顆恆星蛋的雲。

瀰漫星雲

當在暗星雲中形成的恆星蛋成長為巨大恆星而發光，最後會放出強烈的紫外線。殘留於恆星周圍的微塵被吹散，而暗星雲接收其能量開始發亮，便成為瀰漫星雲。獵戶座星雲就是一個中心擁有剛誕生的「獵戶四邊形星團」（Trapezium）的瀰漫星雲。

眾多恆星密集的區域

星團（cluster）是指眾多恆星密集的區域。依其形狀可分為2種：形狀不規則的「疏散星團」（open cluster）以及外觀呈球形的「球狀星團」（globular cluster）。

疏散星團有數十到數百顆恆星聚集在直徑5～50光年的範圍內。這些恆星都是在幾乎同一時期，從銀河系星系盤的分子雲中誕生的年輕恆星，大多集中分布於銀河系周邊。目前已知的疏散星團有1500個左右，包括昴宿星團、畢宿星團（Hyades）、鬼宿星團（Praesepe，又稱蜂巢星團）等。

球狀星團則是有數萬到數百萬顆恆星聚集在直徑數十到數百光年的範圍內。這些恆星都在100億歲以上，大多數分布在銀河系中心部位的核球，也有少數散布在星系盤周圍的暈裡面。目前已知的球狀星團有150個左右，包括武仙座M13、獵犬座M3等。

疏散星團的恆星都是「兄弟姐妹」

疏散星團是由剛誕生不久的年輕恆星所組成的集團，誕生自氣體及微塵濃密聚集的「星際分子雲」（interstellar molecular cloud）。一個星際分子雲反覆地壓縮、碎裂，最後分別孕育出數十至數百顆恆星開始發光，這就是疏散星團的誕生。組成疏散星團的眾多恆星全是同一個母體（星際分子雲）生出來的兄弟姐妹。

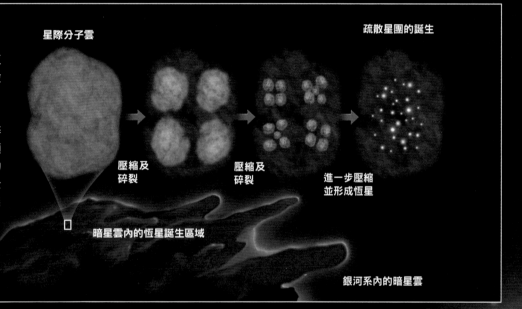

星際分子雲

壓縮及碎裂

壓縮及碎裂

進一步壓縮並形成恆星

疏散星團的誕生

暗星雲內的恆星誕生區域

銀河系內的暗星雲

球狀星團M80（NGC 6093）

銀河系內有多達150個球狀星團，其中的天蠍座M80相當古老，年齡可能與銀河系差不多。M80距離太陽2萬8000光年。

散布在星系盤周圍的球狀星團

球狀星團散布於螺旋星系中心區的核球以及星系盤的周圍（圖中的橙色球體）。銀河系中最古老的恆星就是球狀星團內的恆星。

位於獵戶座腰帶三星南邊的發射星雲

閃耀於冬季夜空的獵戶座其腰帶三星的下方，只憑肉眼就能看到一團朦朧的光影，那就是「獵戶座星雲」（Orion Nebula）。整體的亮度約4等，距離太陽系約1400光年，直徑約20光年。星雲中心區有4顆發出藍白色光芒的恆星合稱為「獵戶四邊形星團」，其中的高溫恆星放射出紫外線，使獵戶座星雲閃耀著明亮的紅色光輝。

獵戶座星雲的年齡非常年輕，所以在星雲內部有許多處於各種形成過程的年輕恆星存在。除了發出明亮可見光的年輕恆星之外，也觀測到了以可見光看不到、但放出強烈紅外線的即將誕生的天體「原恆星」（protostar）。此外，在獵戶四邊形星團背後，散布著巨大的分子雲。雲中的高密度氣體團塊正在收縮，逐步成長為恆星。

哈伯太空望遠鏡發現了許多在獵戶座中剛誕生的恆星所放出的熱噴流，以及恆星周圍殘存的氣體與微塵的圓盤。這個圓盤可能是行星系的蛋，提供了許多探索行星形成的寶貴資料。

存在於恆星與恆星之間的極稀薄物質

我們往往認為宇宙是一個真空的世界，但實際上，其中有濃度非常稀薄的各種物質存在，稱為「星際物質」（interstellar matter）。星際物質由恆星的原料氣體和固體微塵粒子（宇宙塵）組成，氣體的化學成分（重量比）以氫73%、氦25%這兩者的占比最大，其餘成分則是氧、碳、氮、氖、鎂、矽、硫、鐵等元素。氫和氦以外的元素則統稱為「重元素」。

星際物質的典型密度為大約每1立方公分有1個氫原子，相當接近真空，該密度比實驗室內人工製造的真空還要低。但是，整個銀河系的星際物質質量卻占了恆星總質量的10%左右。

銀河系內幾乎處處都有星際物質存在。例如，在恆星即將誕生前的「分子雲核」（高密度氣體團塊）中，每1立方公分有10萬個以上的氫分子，是個密度非常高的區域。

獵戶座星雲

獵戶座星雲中心區的獵戶四邊形星團所放出的能量，使得周圍的氫及氧等星際氣體發亮。星雲內有許多處於各種形成過程的年輕恆星存在。影像為哈伯太空望遠鏡拍攝而得。

星系與星系之間

仙女座星系

每1立方公分有1個氫原子

銀河系

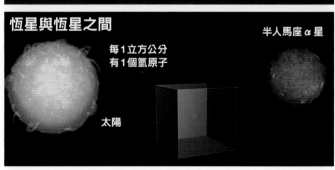

恆星與恆星之間

半人馬座α星

每1立方公分有1個氫原子

太陽

我們的銀河系與鄰近的仙女座星系相隔250萬光年。兩者之間幾乎沒有恆星，但每1立方公分有1個氫原子存在。星系中的恆星與恆星之間，可能也是每1立方公分有1個原子存在，其中絕大多數是氫原子。

散布於星際空間的
固體微塵粒子

「宇宙塵」（cosmic dust）是指散布於星際空間的固體微塵粒子，和氣體一起組成星際物質。其大小平均只有1萬分之1毫米左右，非常細小。而且密度也不高，平均每100立方公尺的空間內只有大約1個微塵粒子。

微塵粒子會吸收或放出波長比可見光更長的紅外線。藉由紅外線的觀測可知其主要成分有3種：一氧化矽及二氧化矽構成的矽系、含有碳氧鍵結的碳系以及冰。

矽系和碳系的微塵粒子，是從恆星晚年期形成的紅巨星及超新星爆炸等製造出來，再迸散到宇宙空間中。這些物質飄浮在星際空間，最後和氣體一起集結成分子雲。在分子雲內部，各式各樣的分子附著在微塵粒子上，使碳系微塵粒子和冰逐漸成長。

在分子雲內成長的微塵粒子有一部分會成為恆星的原料。構成木星及土星衛星地殼的冰，原本也是在分子雲裡面形成的東西。

從宇宙降至地面的
高速粒子

所謂的「宇宙線」（cosmic ray，宇宙射線），是指以接近光速的速度在宇宙空間中飛行的高能量微小粒子。在地球上觀測到的宇宙線強度，在宇宙的任一方向上都相同。

宇宙線的主要成分為各種原子核，大約90％為質子（氫原子核）、5％為 α 粒子（氦原子核），其餘為鋰至鐵的原子核。每秒射入地球大氣的宇宙線為每1平方公分1個左右。

宇宙線通過地球大氣時會撞擊大氣中的原子核，產生 π 介子、電子、微中子等基本粒子，引發所謂的「空氣射叢」（air shower），稱為「二次宇宙線」，與宇宙空間的宇宙線「一次宇宙線」有所區別。

一次宇宙線的來源可能是重恆星（大質量恆星）死亡時引發的超新星爆炸等。爆炸之際產生的震波及磁場能量似乎被用來促使宇宙線加速，不過加速機制有待查明。此外，一次宇宙線會和星際氣體碰撞而產生 γ 射線。

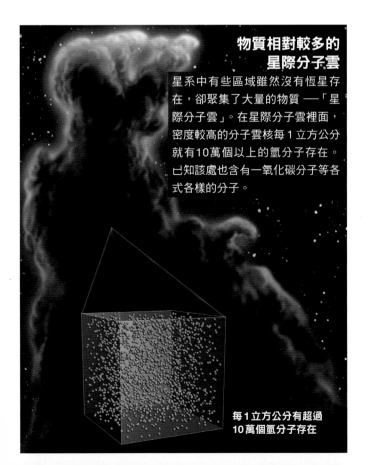

**物質相對較多的
星際分子雲**

星系中有些區域雖然沒有恆星存在，卻聚集了大量的物質 ——「星際分子雲」。在星際分子雲裡面，密度較高的分子雲核每1立方公分就有10萬個以上的氫分子存在。已知該處也含有一氧化碳分子等各式各樣的分子。

每1立方公分有超過
10萬個氫分子存在

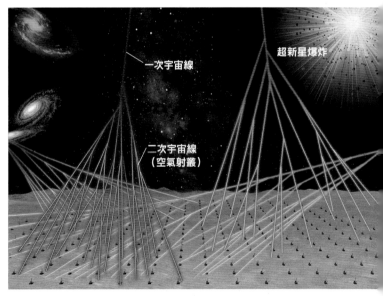

一次宇宙線

超新星爆炸

二次宇宙線
（空氣射叢）

具有各種能量的宇宙線朝地球飛來。低能量宇宙線的發生源可能是銀河系內的超新星爆炸等；高能量宇宙線的發生源推測是星系的碰撞現場或活躍星系核（active galactic nucleus）等天體。也有人主張，在初期宇宙產生的超重粒子等可能成為極高能量宇宙線的發生源。上圖中，併排在地面上的裝置是守候宇宙線的巨大偵測器群。

50 | 微中子

在日本岐阜山中釐清的
電中性小粒子

「微中子」（neutrino）是一種不帶電荷的輕基本粒子。微中子有 3 種：電微中子（electron neutrino）、渺微中子（muon neutrino）以及濤微中子（tau neutrino），但是它們與其他粒子反應的力非常微弱，所以是很難偵測到的基本粒子。

恆星藉由核融合反應發光，而該反應會伴隨著大量的微中子（電微中子）被釋放出來。只要測量來自太陽的微中子的量，即可得知其內部的核反應狀況。但是，偵測到的微中子數量卻只有依據理論推算而得的 3 分之 1，這個矛盾長期以來一直困擾著科學家。不過，後來日本的研究團隊發表的觀測結果指出了原因所在 —— 原本以為不具質量的微中子其實具有質量。

重恆星在演化的最終階段會發生 II 型超新星爆炸，釋放出龐大能量，其中絕大部分是以微中子的形式釋放出來。1987 年 2 月，日本團隊偵測到了大麥哲倫雲發生超新星爆炸時產生的微中子，藉此證明了超新星爆炸理論的正確性，揭開了微中子天文學的序幕。團隊主導人小柴昌俊（1926～2020）由於這項成果而獲頒諾貝爾物理學獎。

51 | 分子雲

星際氣體高度密集
的區域

「分子雲」（molecular cloud）由星際氣體高密度聚集而成，主要成分是氫分子。溫度為 10K～100K 左右，密度為每 1 立方公分有 100～100 萬個氫分子。大小為數光年至數百光年，範圍算是相當廣闊。

分子雲的密度為星際空間平均密度的 100 倍以上，因此氫原子幾乎都結合成氫分子。在分子雲中密度特別高的「分子雲核」（molecular cloud core）內，單純的分子會進一步變化成複雜的分子，截至目前為止已經發現了 100 種以上的分子。

獵戶座星雲和亞米茄星雲這類發射星雲大多伴隨著分子雲，恆星在這些區域會連鎖性地誕生。

高溫的年輕恆星會放出強烈的紫外線，把周圍氣體轉變成高溫的電離氣體。由此產生的電離氣體高速膨脹，壓縮分子雲而形成分子雲核。在分子雲核中誕生的高溫恆星，有如侵蝕分子雲似地形成新的電離區域。這樣的過程連續反覆發生，分子雲內便不斷孕育出新的恆星。

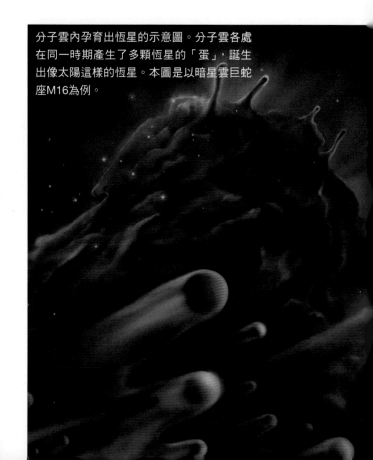

分子雲內孕育出恆星的示意圖。分子雲各處在同一時期產生了多顆恆星的「蛋」，誕生出像太陽這樣的恆星。本圖是以暗星雲巨蛇座 M16 為例。

從超新星放出的微中子

微中子
意即「微小的電中性粒子」。微中子是原子核的 β 衰變所產生的基本粒子，瑞士物理學家包立（Wolfgang Pauli，1900～1958）於 1930 年預言了其存在。微中子並非構成物質的基本粒子，而是基本粒子之間各種反應所產生的基本粒子。正確的重量（質量）尚不清楚，只知道它比其他基本粒子輕很多（電子的 1000 萬分之 1 以下）。

超新星
超巨星在生涯終點發生的大爆炸。超新星會在短時間內放出大量的微中子。

不會構成物質的微中子

52 原恆星

藉由紅外線而發光，
後來成為恆星的天體

「原恆星」也稱為原始星，是指處於成長為恆星的前一階段，藉由紅外線發光的天體。其放射能量有時可達太陽的數萬倍。

分子雲中的緻密「分子雲核」藉著本身重力收縮會誕生出恆星，而氣體在收縮過程中往中心區集結，就會形成原恆星氣體圓盤。

圓盤的厚度隨著旋轉越來越薄，中心區的密度則逐漸升高。再進一步收縮，圓盤中心就會形成原恆星。原恆星收縮所產生的龐大熱能（重力能量）以紅外線的形式放射出來，會促使恆星周圍的部分氣體噴射而成為噴流（jet）。

原恆星放射出來的紅外線，在最初期為氣體圓盤中的微塵粒子所吸收，故無法從外面看到原恆星的樣貌。不過，紅外線會隨著原恆星的成長逐漸外洩。

最後原恆星停止收縮，中心區開始發生核融合反應，結果放出強烈的可見光，這就是恆星的誕生。微塵粒子沉澱在原恆星氣體圓盤的赤道面，有些會形成行星系。

53 恆星

開始進行核融合反應
而誕生的明亮恆星

在分子雲中誕生的原恆星逐漸成長，開始進行核融合反應之後，即成為「恆星」（fixed star）。孕育恆星的分子雲，由於主要成分為氫分子的氣體遮住了背後天體傳來的光，因而呈現一片漆黑，故有時稱之為「暗星雲」。不過，每1立方公分只含有100～100萬個氫分子，這個密度以日常的感覺來說可以算是真空了。分子雲的質量為太陽的100倍左右到10萬倍左右，溫度為10K～100K。

在分子雲中，通常會有多顆恆星在同一個時期誕生。太陽可能也是集團誕生的一分子，不過太陽誕生迄今已經過了大約46億年，期間繞行了銀河系20圈以上，可能早和「兄弟」們相隔甚遠了。此外，原恆星周圍會形成氣體和微塵的圓盤（原行星盤，protoplanetary disk），所以會從中孕育出像太陽系這樣多樣化的行星。

再者，雖然太陽是一顆單獨的恆星，但是在宇宙中由兩顆以上的恆星互相繞轉所構成的「聯星」才是多數。

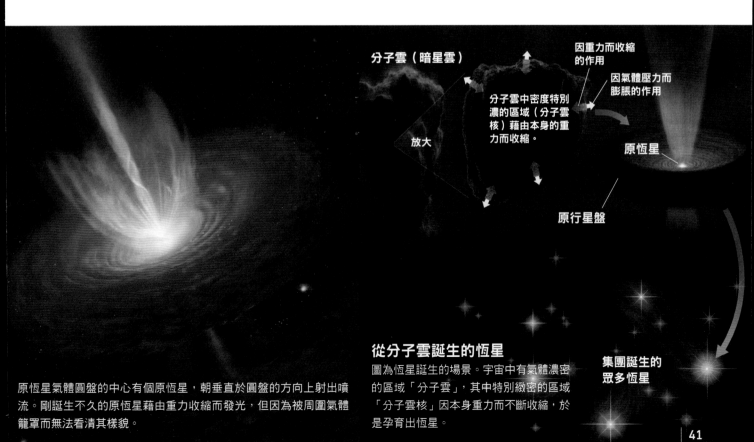

原恆星氣體圓盤的中心有個原恆星，朝垂直於圓盤的方向上射出噴流。剛誕生不久的原恆星藉由重力收縮而發光，但因為被周圍氣體籠罩而無法看清其樣貌。

分子雲（暗星雲）

因重力而收縮的作用

因氣體壓力而膨脹的作用

分子雲中密度特別濃的區域（分子雲核）藉由本身的重力而收縮。

放大

原恆星

原行星盤

集團誕生的眾多恆星

從分子雲誕生的恆星
圖為恆星誕生的場景。宇宙中有氣體濃密的區域「分子雲」，其中特別緻密的區域「分子雲核」因本身重力而不斷收縮，於是孕育出恆星。

即便是離太陽最近的恆星
也在4.2光年之外

離太陽最近的恆星是位於南天的「比鄰星」（Proxima Centauri），也就是由三顆恆星相互繞轉所組成的三合星「半人馬座α星（南門二）」中的C星，距離太陽約4.2光年。1光年相當於9兆4600億公里左右，所以比鄰星距離我們大約40兆公里。C星是11等的暗星，肉眼無法看到，但A星為0等、B星為1等，肉眼都能看到，距離我們約4.37光年（約41兆公里）。

太陽系的邊緣有疑似長週期（公轉週期200年以上）彗星故鄉的「歐特雲」（Oort Cloud），距離我們1萬～10萬天文單位，相當於0.16～1.6光年。半人馬座α星比歐特雲還要遠上好幾倍。

順帶一提，肉眼可見的最遠天體如果也包括星系、星雲的話，當屬亮度為4.4等的「仙女座星系（M31）」。它位於秋季星座仙女座中，看起來好像一朵朦朧的雲，距離我們約250萬光年。仙女座星系由數千億顆恆星組成，比銀河系還要大。

即便是最近的恆星也非常遙遠
圖為將太陽到最近恆星「半人馬座α星」的距離與太陽系天體相互比較的結果。

離太陽最遠的行星海王星位於太陽到地球的平均距離30倍左右之處；長週期彗星的母天體故鄉「歐特雲」位於太陽到地球的平均距離1萬～10萬倍左右之處；而半人馬座α星比歐特雲還要遠上好幾倍。

依據目視大小與距離
來測定恆星的大小

測定恆星大小的方法有二。離我們較近而比較容易觀測或非常巨大的恆星，可以使用多架望遠鏡從若干個相隔數十至數百公尺的不同地點進行觀測。這個方法得到的效果，等同於使用一架巨大望遠鏡進行觀測。這種以多架望遠鏡聯合觀測的方法稱為「（可見光與紅外線）干涉儀」（interferometer）。相隔一段距離設置多架望遠鏡所能獲得的解析力，相當於一架以望遠鏡之間的距離（基線長度）為口徑的虛擬望遠鏡。

使用干涉儀測得恆星的目視大小（角直徑，angular diameter）之後，如果能以某些方法得知地球到這顆恆星的距離，便能求出該恆星的真正大小。

相較於地球，太陽已經算是一個非常巨大的恆星了，而獵戶座參宿四（Betelgeuse）又比太陽大上許多，屬於紅超巨星（red supergiant）。如果把參宿四移到太陽的位置，則其外緣可達木星附近，亦即火星以內的行星都會被它吞沒。已知參宿四距離太陽系約548光年（約5100兆公里），再根據望遠鏡的觀測結果，可計算出其大小為直徑約10～14億公里。

即使運用上述方法，能夠測定大小的恆星仍相當有限。其他恆星則必須使用亮度、表面溫度、半徑的關係式，根據觀測來推算大小（半徑）。

歐特雲
（長週期彗星的故鄉）

半人馬座α星
（三合星）

比鄰星(C星)

太陽

A星
B星

4.2～4.3光年
（光行進4.2～4.3年的距離）

1萬～10萬天文單位
（0.16～1.6光年）

註：構成歐特雲的小天體（褐點）其大小、密度做了誇大呈現。

測量恆星大小的「巨大望遠鏡」
獵戶座參宿四這個紅超巨星的半徑為太陽的760倍左右。若要測定參宿四等鄰近恆星的大小，一般採用的方法是把多架望遠鏡組合成「干涉儀」以獲得相當於巨大望遠鏡的解析力。

各架望遠鏡
（單元望遠鏡）

虛擬巨大望遠鏡反射鏡的示意圖
假設可將夜空映照在虛擬鏡面上。

原子核融合時
產生的能量

恆星是由高密度氣體雲收縮而誕生，其中心區的溫度高達數千萬K。在如此高溫的狀態下，原子會被奪走電子，而裸露的原子核以高速四處飛竄。當這些原子核相撞就會融合成更重的元素，該反應稱為「核融合」（nuclear fusion）。核融合反應會導致質量減少，而減少的部分會轉變成能量。

恆星的主要成分是氫，所以會發生由氫融合成氦的反應，即所謂的氫的燃燒。這就是太陽這類普通恆星（主序星）的能量來源。

恆星含有大量的氫，藉由氫的燃燒而能長期持續發光。質量（重量）與太陽差不多的恆星，壽命大概是100億年左右。恆星越重則壽命越短，以質量為太陽10倍左右的恆星來說，壽命可能只有數千萬年而已。

中心區的氫燃燒殆盡之後，氦芯會收縮並導致溫度上升，引發由氦融合成碳的核融合反應。如此在內部逐步合成更重的元素，持續產生恆星的能量。這個程序和進展的速度會依恆星質量而有所不同。

恆星依其質量
而有不同的結局

恆星會迎向什麼樣的死亡，是依其質量而定。質量約為太陽8倍以下的輕恆星會迎向比較和緩、平靜的死亡，氣體徐徐地釋放到宇宙空間，最終只留下恆星的中心部分。

殘留下來的天體稱為「白矮星」（white dwarf），大小和地球差不多但是密度非常高，每1立方公分重達1公噸。由於不會發生核融合反應，所以會漸漸地冷卻而越來越暗。恆星在紅巨星時期釋放到周圍的氣體，後來受到白矮星放出的紫外線照射而發光，成為我們觀測到的「行星狀星雲」（planetary nebula）。

另一方面，質量約為太陽8倍以上的重恆星（大質量恆星），會發生大爆炸而迎向壯烈的死亡。其周圍會留下一個稱為超新星殘骸的發光結構。恆星的大部分物質因爆炸而吹散，中心留下一個密度比白矮星更高的天體。

恆星死亡後，迸散到宇宙空間的物質成為孕育新恆星的原料。恆星內部藉由核融合反應，合成出氫、碳、氧等各式各樣的元素。此外，在超新星爆炸之際，也藉由核融合反應合成各種重元素。

太陽

核融合反應前
（4個氫原子核）

核融合反應後
（氦原子核）

$E = mc^2$

核融合反應

放大

太陽的中心

質子
（氫原子核）

氦原子核

+ Energy

電子

質量的減少與能量

發生核融合反應後質量變輕，減少的部分會轉變成能量。上方公式為「狹義相對論」提出的關係式，E 為能量，m 為質量，c 為常數（光速）。該公式表示質量可以轉換成能量。1公克的質量如果全部轉換成能量，可產生大約2500萬千瓦小時的能量。這大約相當於1座核能電廠運轉1天產生的能量。

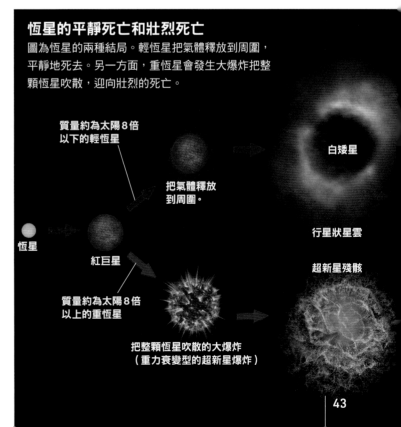

恆星的平靜死亡和壯烈死亡

圖為恆星的兩種結局。輕恆星把氣體釋放到周圍，平靜地死去。另一方面，重恆星會發生大爆炸把整顆恆星吹散，迎向壯烈的死亡。

質量約為太陽8倍
以下的輕恆星

把氣體釋放
到周圍。

白矮星

恆星

紅巨星

行星狀星雲

質量約為太陽8倍
以上的重恆星

超新星殘骸

把整顆恆星吹散的大爆炸
（重力衰變型的超新星爆炸）

恆星的質量越大則壽命越短

恆星註定要經歷從生到死的過程。那麼，我們來想想看恆星的壽命究竟有多長。首先，質量為太陽0.08倍以下的恆星不會發生核融合反應，最後會成為棕矮星，所以無法定義其壽命。

質量較大的恆星會發生核融合反應，一生有大約9成時間都處於主序星的階段，因此可以說其壽命大致等於主序星的期間。而且恆星的質量會影響這段期間的長短。

計算結果顯示，只有質量為太陽0.08倍以上、8倍以下的恆星，才會和太陽一樣在主序星的階段度過一生。如果質量和太陽差不多，則壽命大約是100億年左右。

質量大的恆星含有較多的氫可作為核融合反應的燃料。較重的恆星會因為重力導致中心核受到壓縮，升到極高的溫度，而發生劇烈的核融合反應。例如，質量為太陽10倍的恆星，燃料也是太陽的10倍。計算結果顯示，其中心核溫度會達到太陽的2倍，因此亮度為太陽的4700倍。也就是說，燃料的消耗也比較快，所以單純地計算其壽命即為太陽的470分之1，大約2000萬年。越重的恆星越快過完一生。

質量為太陽0.08倍以上、8倍以下的恆星，最終會成為白矮星。另一方面，質量為太陽8～25倍的恆星，最終會成為中子星。而質量超過太陽25倍以上的恆星，其壽命只有500萬年左右，最終會成為黑洞。

恆星的質量是依照在暗星雲中誕生時聚集了多少物質而定。而這會受到各式各樣的條件左右，例如暗星雲內部的密度、鄰近天體的影響等等。

質量為太陽0.08倍以下的恆星
無論如何壓縮，中心核的溫度都不會上升到足以引發核融合反應。因此，無法定義壽命。

質量為太陽8～25倍的恆星
核融合反應按照「由氫合成氦」，「由氦合成氮、碳」，「由氮、碳合成氧、氖、鎂」……的程序進行，最後形成鐵核心。到了這個階段核融合反應就不再繼續進行，開始藉由重力而收縮。收縮到無法支撐自身重力時，整顆恆星會崩陷並引發超新星爆炸，在中心留下中子星。就這樣走完一生，壽命大約2000萬年。

質量為太陽25倍以上的恆星
核融合反應沒有在氦停住，陸續合成出氮、碳、氧、氖、鎂……直到鐵。到了這個階段核融合反應就不再進行，開始藉由本身的重力收縮，導致整顆恆星崩陷並引發超新星爆炸，成為一個黑洞。就這樣走完一生，壽命大約500萬年，不到太陽的2000分之1。

質量為太陽0.08倍以下的恆星
不會啟動核融合反應

棕矮星

原太陽

質量為太陽0.08倍以上、8倍以下的恆星

紅巨星

行星狀星雲

白矮星

超新星爆炸

質量為太陽8～25倍的恆星

紅巨星

中子星

超新星爆炸

質量為太陽25倍以上的恆星

恆星的一生與壽命
恆星依其質量而大致分為4種生命過程。質量越大則核融合反應越激烈，壽命越短。

紅巨星

藍巨星

黑洞
（圓盤的中央）

1000萬歲

100億歲

1000億歲

記錄天體位置的天體名單

觀測全天的天文學者當中，有些人把觀測結果彙整成「天體目錄」流傳後世。

17世紀初，德國天文學家拜耳（Johann Bayer，1572～1625）發表了一本天體目錄《測天圖》（*Uranometria*）。拜耳把構成一個星座的各顆恆星，按照它在該星座中的亮度大小，以希臘字母（α、β、γ⋯⋯）依序編號。直到現在，仍然有部分天體沿用這個拜耳命名法。

英國天文學家佛蘭斯蒂德（John Flamsteed，1646～1719）則是把構成一個星座的各顆恆星，按照位置由西向東依序加上數字編號。

另一方面，《梅西爾目錄》記載的不是恆星，而是星雲、星團、星系等的觀測紀錄。後來，德雷耳（John Dreyer，1852～1926）使用精確度更高的望遠鏡，把《梅西爾目錄》與赫歇爾父子的《星雲和星團總目錄》（GC，*General Catalogue of Nebulae and Clusters of Stars*）擴充成《星雲和星團新總表》（NGC）。《梅西爾目錄》只收錄到110號，NGC則擴充到7840個天體。例如，在《梅西爾目錄》中第1個出現的金牛座蟹狀星雲（Crab Nebula，M1）在NGC中則是NGC1952。

近年來，根據ESA的天文觀測衛星「依巴谷號」（Hipparcos，高精度視差測量衛星）自1989年起的4年期間觀測恆星的結果，《依巴谷星表》（*Hipparcos Catalogue*）於1997年發表，收錄了11萬8218顆恆星的位置。

製作《星雲和星團新總表》的德雷耳。

收錄了110個天體的著名天體目錄

法國天文學家梅西爾（Charles Messier，1730～1817）因為發現彗星而享譽一生。繼德國天文學家帕利茲（Johann Palitzsch，1723～1788）之後，梅西爾於1759年發現已被預測存在的哈雷彗星（1P／Halley）。除此之外，他還藉由獨立觀測發現了13個彗星。梅西爾製作的天體目錄即為《梅西爾目錄》（*Messier catalogue*），分成3卷陸續發表。

梅西爾在觀測彗星的時候，留意到天空有許多容易和彗星混淆的難辨星雲存在，因而觀測這些星雲的位置並彙整成目錄，也就是《梅西爾目錄》。他把這些星雲分別加上編號，並在前面冠上梅西爾這個姓氏的首字母「M」。例如，仙女座星系的編號為M31。

梅西爾使用的望遠鏡口徑僅7公分左右，而後人使用解析力更高的望遠鏡觀測，才得知有許多梅西爾誤以為是星雲的天體其實是星團或星系。

製作《梅西爾目錄》的梅西爾。

恆星依其化學組成可分為兩大類

「星族」（stellar population）是指依照化學組成，把銀河系內的恆星分為「第一星族」和「第二星族」。第一星族的恆星含有較多的重元素，第二星族的恆星含有較少的重元素。這裡說的重元素是指氫和氦以外的元素。

第一星族的恆星主要分布於星系盤。典型的第一星族星是發出藍白色光芒的年輕恆星。太陽也屬於第一星族，但太陽已經46億歲左右，在第一星族中算是年齡比較大的恆星。

第二星族的恆星主要分布於星系盤周圍的暈以及中心區的核球附近。典型的第二星族星是紅色的老年恆星，年齡達到100億歲以上。

第二星族的恆星誕生於銀河系剛形成不久的時候。其中的重星很快就結束一生，發生超新星爆炸，把大部分質量吹散。這些恆星所製造的碳、氧、鐵等重元素也一起飛散出去，降積在星系盤面。而這些重元素集結形成的恆星是為第一星族星，因此含有較多重元素。

如今殘留的第二星族星可能也是銀河系剛形成不久時誕生的恆星，但因質量不足以引發超新星爆炸，所以才會殘留下來。第二星族星的自行（第55頁）很大，在銀河系中高速移動，但這可能是因為還殘留著形成銀河系的氣體雲之運動餘勁的緣故。

第一星族和第二星族的恆星

這裡列舉出第一星族和第二星族的典型恆星。參宿四是一顆老年且膨脹成太陽數百倍大的第一星族「紅巨星」。天狼星（Sirius）伴隨著一顆第一星族的輕恆星殘骸「白矮星」。重恆星的殘骸是中子星或黑洞，天鵝座X-1就是一個例子。太陽是第一星族的主序星。第二星族的大熊座SX誕生於離星系盤極遠的暈，正逐漸朝太陽靠近。

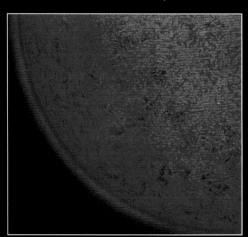

參宿四：第一星族的紅巨星

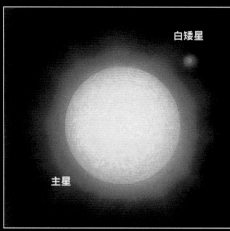

天狼星：第一星族的主序星及其伴星

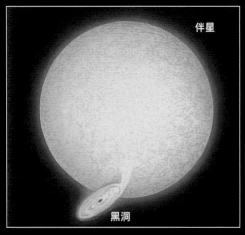

天鵝座X-1：第一星族恆星的殘骸

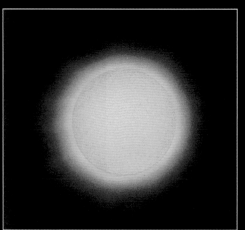

太陽：第一星族的主序星

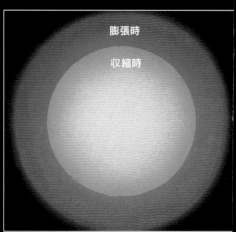

大熊座SX：第二星族的脈動變星

依據光譜線的種類及
強度分布的恆星分類

「光譜型」（spectral type）是依照光譜線的種類及強度為恆星分類。光譜線的顯現方式不僅會依恆星的元素組成而異，也會依恆星的表面溫度及表面重力而有所不同，所以必須依照其特徵來決定光譜型。例如，O型是具有電離氦、高電離的氧、氮、碳等的光譜線。

若按照表面溫度由高至低依序排列光譜型，可分為O、B、A、F、G、K、M。O型星的表面溫度約3～5萬K，M型星約2300～3800K。太陽為G型，表面溫度5780K。

此外，恆星的顏色會依其表面溫度而不同，所以也能從光譜型得知恆星的顏色。O型、B型星為藍白色，A型、F型星為白色，G型星為黃色，K型星為橙色，M型星為紅色。太陽為黃色的恆星。除此之外，還有顯示特異化學組成的R型、N型、S型等等。

即使是相同的光譜型，也有半徑較小的矮星（主序星）和半徑較大的巨星。

氫核融合反應處於
穩定進行狀態的恆星

顯示恆星的亮度與表面溫度（顏色）的關係圖，稱為「HR圖」（Hertzsprung-Russell diagram）或「赫羅圖」。該圖的橫軸為恆星的表面溫度及光譜型，縱軸為恆星的光度與絕對視星等，依此把恆星定位標示在圖上。HR圖中排列在對角線上的恆星為「主序星」（main sequence star）。銀河系中有90%左右的恆星，排列在HR圖左上方明亮藍白星到右下方暗淡紅星這條對角線上。該線稱為「主序帶」（main sequence），太陽就是典型的主序星。

主序星利用核融合反應產生的能量支撐本身的重力，藉此穩定地發光。恆星的一生大部分處於主序星時期。其壽命是依質量而定，質量越大則壽命越短。質量與太陽差不多的恆星，一生當中有大約100億年都處於主序星階段。

未來，太陽將膨脹得比地球軌道還要大，成為一顆「紅巨星」，在HR圖上即從主序帶朝右上方移動。然後再逐漸移向左方，最後移到左下方，成為一顆「白矮星」。

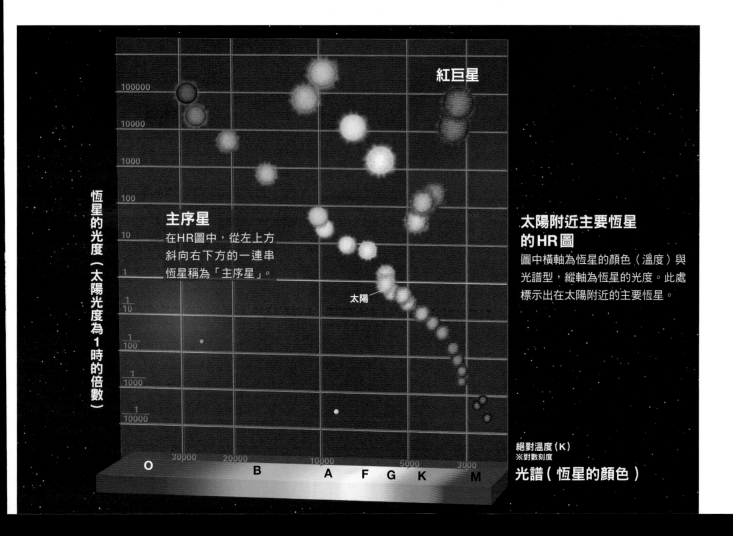

恆星的光度（太陽光度為1時的倍數）

100000
10000
1000
100
10
1
1/10
1/100
1/1000
1/10000

紅巨星

主序星
在HR圖中，從左上方斜向右下方的一連串恆星稱為「主序星」。

太陽

太陽附近主要恆星的HR圖
圖中橫軸為恆星的顏色（溫度）與光譜型，縱軸為恆星的光度。此處標示出在太陽附近的主要恆星。

O　30000　　20000　　10000　B　　　　A　F　G　K　5000　M　3000

絕對溫度（K）
※對數刻度

光譜（恆星的顏色）

把氫燃盡而巨大化的恆星

所謂的「紅巨星」（red giant star），是指半徑大、表面溫度低的紅色恆星。其半徑為太陽的數百倍，甚至可達地球軌道的附近。光譜型為K型（表面溫度3900～5200K）、M型（表面溫度2300～3800K）。著名的紅巨星有天蠍座心宿二（Antares）、牧夫座大角星（Arcturus）、獵戶座參宿四等。

恆星藉著燃燒中心區的氫（核融合反應），以主序星的型態長期持續發光。可是一旦氫燃燒殆盡之後，中心的氦芯就會收縮，而恆星的外層逐漸膨脹。一旦收縮力和膨脹力失去平衡，便會開始膨脹成為紅巨星。

紅巨星的表面積很大，所以看起來非常明亮。又因其溫度不高，放射出紅外線而呈現紅色。

紅巨星的表面重力很弱，會流出大量氣體散至宇宙空間，形成行星狀星雲。等到外層氣體全部流光之後，就只剩下收縮的中心區，成為白矮星。太陽可能也會在數十億年後演變成紅巨星。不過，如果恆星的質量為太陽的8倍以上，那麼最後則會發生超新星爆炸，變成中子星或黑洞。

變成紅巨星的太陽

圖為太陽演化成為紅巨星而巨大化時的地球景象示意圖。隨著太陽越來越大，地球的海洋開始蒸發，大氣也被吹散。一直保護著地球的大氣一旦消失，隕石就不會在大氣中燒毀而直接撞落在地，可能會製造出許多隕石坑。演化成紅巨星的太陽會比現在的太陽更紅，地球或許也會因此變成紅通通的世界。

65 | 棕矮星

質量不到太陽8％的小恆星

「棕矮星」（brown dwarf star）也稱為「褐矮星」，因為質量太小的關係，中心區的溫度沒有高到足以引發核融合反應。這樣的恆星藉由重力而收縮時，會釋放熱而發出明亮的紅外線。等到這個能量耗盡之後，就會成為黑暗的天體。

棕矮星包含在曾經是暗物質候選者的大質量緻密暈體（MACHO，第56頁）之中。MACHO泛指使用可見光望遠鏡難以看到的「暗天體」，除了棕矮星之外，還包括行星、結束發光發亮時期的白矮星、在生涯最後發生超新星爆炸而殘留下來的中子星及黑洞等。

1995年末，加州理工學院中島紀等人的團隊首度確認了一個編號「GL229B」的恆星為棕矮星。這顆恆星的光度只有太陽的10萬分之1，距離地球19光年，半徑與木星差不多，重量為木星的20～50倍。在那之後，又陸陸續續確認到多顆棕矮星。

棕矮星的想像圖。至今已陸續發現了不少棕矮星。眾所熟知的「昴星團」也是個年輕棕矮星的寶庫。

66 | 白矮星

質量與太陽差不多的恆星最後面貌

半徑和地球差不多，質量卻和太陽不相上下的高密度（10^9公斤／立方公尺）恆星稱為「白矮星」（white dwarf star）。已知的白矮星有近萬顆，包括大犬座天狼星的伴星、小犬座南河三（Procyon）的伴星等。

白矮星的表面溫度相當高，達到1萬K以上。但因為表面積非常小，暗到難以發現。天狼星及其伴星為聯星，高密度白矮星（天狼星B）的重力很強，影響了天狼星A的軌道運動。由於該運動的錯亂，我們才得以發現這個白矮星的存在。

白矮星是質量為太陽數倍以下的恆星演化到最後剩下來的核。中心的核收縮時會壓縮電子，把電子壓縮到極限狀態所產生的壓力稱為電子簡併壓力（electron degeneracy pressure）。當中心核收縮到電子簡併壓力剛好能支撐本身重量的程度，即成為白矮星。白矮星的內部不會發生核融合反應。內部的熱能以光的形式放射出去，隨著溫度降低，顏色也由黃色轉變成紅色，最後成為黑矮星（black dwarf star）而無法看到。

白矮星的想像圖。藉由持續進行到紅巨星末期的核融合反應而發熱，一開始會發出白光，但畢竟沒有能量來源，所以會逐漸冷卻而變暗。順帶一提，這樣的小天體可能依然在自轉。

源自於古希臘的科學分類法

我們會依照恆星的亮度（從地球看到的亮度）冠以「1等星」、「2等星」等稱呼，也就是所謂的「星等」（magnitude）。

星等的歷史可以追溯到古希臘時代。古希臘天文學家喜帕恰斯（Hipparkhos，前190左右～前125左右）把夜空中最明亮的星星訂為1等星，在晴朗夜空勉強能看到的暗星訂為6等星，亮度介於兩者之間的星星則依序訂為2～5等星。等級的數字越小表示星星越明亮，數字越大表示星星越暗淡。

喜帕恰斯決定星等的方法多半是憑感覺判斷，一直到19世紀的英國天文學家普森（Norman Pogson，1829～1891）構思了明確的定義。他藉由觀測得知，1等星的平均亮度和6等星的平均亮度相差大約100倍，於是訂定了「100倍的亮度差異為5個星等的差異」的定義。

該定義可以用下列的式子來表示：2.5×2.5×2.5×2.5×2.5＝約100。2.5連乘5次可得約100，亦即1個星等的亮度差異為大約2.5倍。如此一來，就連1至6以外的星等也可以類推表示了。

通常，2等星是指「1.5等以上、不到2.5等」，其餘依此類推。不過，有時候會用1等星來指稱所有不到1.5等的亮星。

在過去的彗星當中，有些彗星達到非常明亮的星等。日本國立天文臺渡部潤一教授曾言：「據說1577年的大彗星其亮度和金星不相上下，應該有-3等左右。」

恆星的星等與亮度的比較

本圖以光點數量來表現各星等的亮度差異。

表示天體亮度的兩種單位

繁星閃耀，布滿了整個夜空。不過，其中有憑肉眼就能輕易看到的恆星，也有非得用望遠鏡才能看到的恆星。接近地球的恆星看起來比較亮，遠離地球的恆星看起來比較暗。但是，並非比較亮的恆星就一定離地球比較近，也不是比較暗的恆星就必然離地球比較遠。要得知恆星的真正亮度，就必須把恆星置於與地球等距的地方才能加以比較。

若是想要表示恆星的亮度時，一般會使用左頁說明的星等，稱之為「目視星等」（apparent magnitude）或「視星等」。目視星等充其量只是表示我們的眼睛看到多少亮度，與該恆星距離地球多遠完全沒有關係。在構思星等的古希臘時代，當時認為所有恆星都是貼在天球上、與地球的距離皆相等，故單純地為亮度分級而已，但那充其量只是眼睛看到的亮度。天文學蓬勃發展之後，人們了解宇宙是個廣大無邊的空間，當然也就明白了各顆恆星與地球的距離各不相同。

因此，為了了解星體的真正亮度，便構思出了所謂的「絕對星等」（absolute magnitude）。絕對星等是假設當所有恆星都移到與地球等距的地方（距離地球10秒差距＝32.6光年處）時，其星等將會落在哪裡。依此調查的結果可知，太陽的目視星等為－26.8等、絕對星等為4.8等，只是一顆普通的恆星。

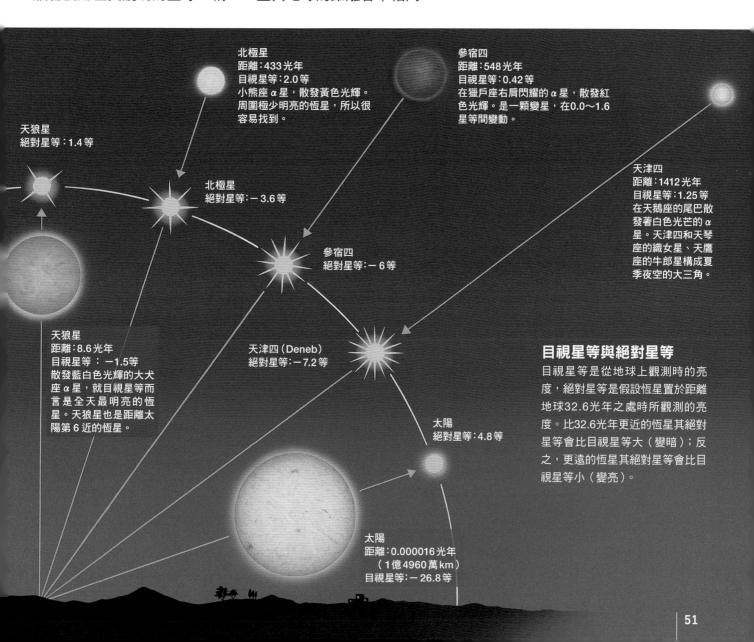

北極星
距離：433光年
目視星等：2.0等
小熊座α星，散發黃色光輝。周圍極少明亮的恆星，所以很容易找到。

參宿四
距離：548光年
目視星等：0.42等
在獵戶座右肩閃耀的α星，散發紅色光輝。是一顆變星，在0.0～1.6星等間變動。

天狼星
絕對星等：1.4等

北極星
絕對星等：－3.6等

天津四
距離：1412光年
目視星等：1.25等
在天鵝座的尾巴散發著白色光芒的α星。天津四和天琴座的織女星、天鷹座的牛郎星構成夏季夜空的大三角。

參宿四
絕對星等：－6等

天狼星
距離：8.6光年
目視星等：－1.5等
散發藍白色光輝的大犬座α星，就目視星等而言是全天最明亮的恆星。天狼星也是距離太陽第6近的恆星。

天津四（Deneb）
絕對星等：－7.2等

太陽
絕對星等：4.8等

目視星等與絕對星等

目視星等是從地球上觀測時的亮度，絕對星等是假設恆星置於距離地球32.6光年之處時所觀測的亮度。比32.6光年更近的恆星其絕對星等會比目視星等大（變暗）；反之，更遠的恆星其絕對星等會比目視星等小（變亮）。

太陽
距離：0.000016光年
（1億4960萬km）
目視星等：－26.8等

利用三角測量的訣竅測量鄰近天體的距離

如果對相隔半年拍攝的兩張星空相片進行非常精密的調查，會發現恆星的位置偏移了。有些恆星的偏移非常明顯，有些則不太能夠確認。

這就像坐在行駛中的電車內觀看窗外的景色，近處的建築物移動得很快，遠處的景色則緩緩地移動。妝點夜空的群星也是一樣，有些恆星離地球比較近，所以大幅度移動；有些恆星離地球比較遠，所以幾乎看不出移動。像這種由於觀測位置不同造成看到的角度有異，就稱為視差。

地球1年繞著太陽公轉一圈的軌道半徑為1億5000萬公里，因此，地球的位置每半年會移動3億公里。這相當於觀測者在相距3億公里的不同位置觀測星空，導致觀看恆星的角度產生了視差。

由於地球公轉所產生的視差（角度），就稱為「周年視差」（annual parallax）。越靠近地球的恆星，周年視差越大；離地球越遠的恆星，周年視差越小。只要測量周年視差，即可利用三角測量的訣竅求出該恆星到地球的距離。

話雖如此，周年視差非常的微小，單憑肉眼是無法偵測出來的。即便是最靠近地球的恆星（半人馬座 α 星）也只有0.75角秒（弧秒）。

哥白尼提出日心說，再加上伽利略發現木星的4大衛星，使得天文學界掀起了日心說和地心說的爭論。

當時首屈一指的丹麥天文學家第谷因為無法確認周年視差而不採信日心說。第谷說：「如果日心說正確，那麼應該能夠觀測到周年視差才對。」

也因此，眾多天文學家競相投入周年視差的偵測，後來是由德國天文學家貝塞爾（Friedrich Bessel，1784～1846）率先獲得成功。他觀測了天鵝座61星，並於1838年宣布其視差為0.314角秒。

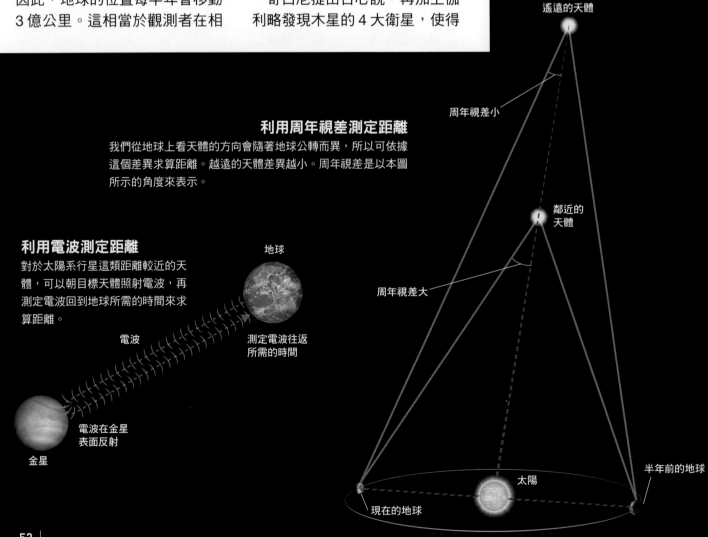

利用周年視差測定距離

我們從地球上看天體的方向會隨著地球公轉而異，所以可以依據這個差異求算距離。越遠的天體差異越小。周年視差是以本圖所示的角度來表示。

遙遠的天體

周年視差小

鄰近的天體

周年視差大

利用電波測定距離

對於太陽系行星這類距離較近的天體，可以朝目標天體照射電波，再測定電波回到地球所需的時間來求算距離。

地球

電波

測定電波往返所需的時間

電波在金星表面反射

金星

現在的地球

太陽

半年前的地球

利用亮度測量遙遠天體的距離

更遠天體與地球的距離無法利用周年視差測量,主要是利用天體的亮度來間接推定。一般而言,物體的亮度會與距離平方成反比而減弱。也就是說,當距離拉長為 2 倍,目視亮度會減為 4 分之 1。

我們可以依據真正的亮度(絕對星等＝置於基準距離之處時所看到的亮度,第51頁)和目視亮度的差異,來推定地球到天體的距離。利用某種方法推定該天體的真正亮度,再與目視亮度相比較即可得知。例如,「造父變星」(仙王座δ星型變星)就是一種能夠以極高精確度推定真正亮度的天體。

變星是一種亮度會週期性變動(脈動)的恆星。造父變星的亮度以數天至100天左右的週期在變動。已知亮度變動的週期越長,則真正的亮度越明亮。

因此,我們有了另一種測定天體距離的方法:只要測定某個已知真正亮度的造父變星的變光週期,便可從另一個造父變星的變光週期來推定其真正亮度。利用這個關係,我們就能夠推定遠方的造父變星距離(誤差為15%左右)。由於造父變星非常明亮,所以能夠用來測定約6500萬光年以內的距離。當我們想測量某個星系到地球的距離時,只要找到星系內的造父變星,便能推定該星系的距離。

也有從主序星的顏色(光譜型)推定真正亮度的方法。主序星是指像太陽一樣,處於藉由氫原子核核融合反應來發光的階段的恆星。越是偏藍的主序星,真正的亮度越亮;越是偏紅的主序星,真正的亮度越暗。利用主序星的顏色來推定距離,誤差在10～數十%左右。

若要測定數十億光年遠的距離,可以利用「Ia型超新星」這種非常明亮的天體。Ia型超新星是一種天體的爆炸現象,這種爆炸的光輝(真正亮度)始終保持穩定。利用Ia型超新星推定距離,誤差在20～30%左右。

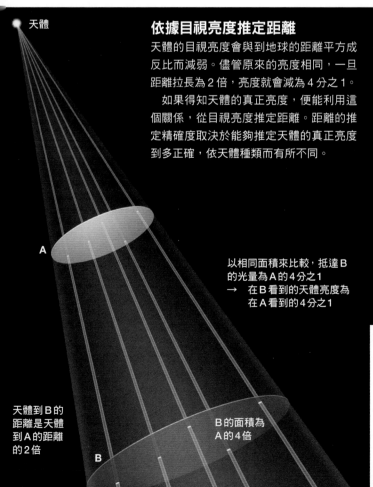

依據目視亮度推定距離

天體的目視亮度會與到地球的距離平方成反比而減弱。儘管原來的亮度相同,一旦距離拉長為 2 倍,亮度就會減為 4 分之 1。

如果得知天體的真正亮度,便能利用這個關係,從目視亮度推定距離。距離的推定精確度取決於能夠推定天體的真正亮度到多正確,依天體種類而有所不同。

天體

A

以相同面積來比較,抵達 B 的光量為 A 的 4 分之 1
→ 在 B 看到的天體亮度為在 A 看到的 4 分之 1

天體到 B 的距離是天體到 A 的距離的 2 倍

B 的面積為 A 的 4 倍

B

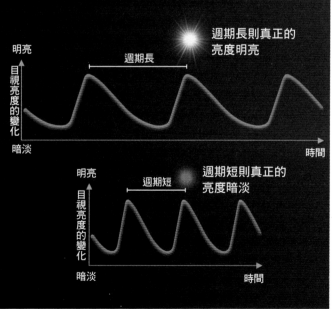

明亮

目視亮度的變化

暗淡

週期長

週期長則真正的亮度明亮

時間

明亮

目視亮度的變化

暗淡

週期短

週期短則真正的亮度暗淡

時間

造父變星真正亮度的推定方法

造父變星的亮度變化週期越長,真正亮度就越亮。因此,只需測量亮度變化週期,即可推定真正的亮度。

光在真空中行進１年的距離

光的速度為秒速約30萬公里，所以1年可行進約9兆4600億公里。這個距離稱為「光年」（light-year）。

太陽的光要花大約8.3分鐘才能抵達地球，因此，地球到太陽的距離可以表示為8.3光分。不過，我們在表示太陽系天體的距離時，通常會使用「天文單位」（AU，astronomical unit）。1天文單位為地球與太陽之間的平均距離，約1億5000萬公里。

距離太陽系最近的恆星為半人馬座α星，距離為4.37光年。在距離太陽10光年以內的範圍，有11顆恆星（包含伴星）。太陽到銀河系中心的距離為2萬8000±3000光年，到仙女座星系的距離為250萬光年。

現在，若宇宙的大小為138億光年，則我們能夠利用可見光觀測到的最遠星系距離我們大約134億光年。現在抵達地球的這個光就是134億年前該星系所發出的，所以我們看到的是它134億年前的模樣。

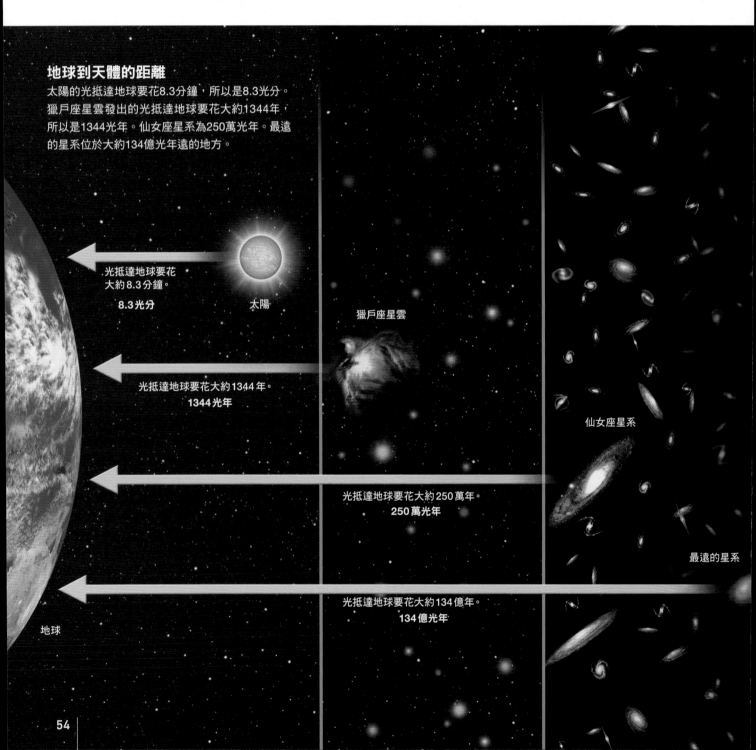

地球到天體的距離
太陽的光抵達地球要花8.3分鐘，所以是8.3光分。獵戶座星雲發出的光抵達地球要花大約1344年，所以是1344光年。仙女座星系為250萬光年。最遠的星系位於大約134億光年遠的地方。

光抵達地球要花大約8.3分鐘。
8.3光分

太陽

獵戶座星雲

光抵達地球要花大約1344年。
1344光年

仙女座星系

光抵達地球要花大約250萬年。
250萬光年

最遠的星系

光抵達地球要花大約134億年。
134億光年

地球

星座眾星的配置會徐徐地改變

星座的形狀 —— 群星在夜空的配置，是恆久不變的。是不是有許多人都這麼想呢？

我們的一生有數十年歲月，感覺上十分漫長，不過和宇宙相比都只是短暫的一瞬間而已。幾十年的程度，除了太陽系的行星等天體之外，基本上夜空的群星看起來都是貼在天球上固定不動。

但實際上，群星也是極為緩慢地在天球上移動。那是因為群星在宇宙空間中並非靜止不動，而是一直在移動，這種運動稱為「自行」（proper motion）。包括太陽在內，宇宙中所有恆星都在自行，所以位置關係也一直在變化。但由於群星位於非常遙遠的地方，所以大多數情況下，從地球上看去的目視移動（角度）都非常微小。也因此，以我們的時間尺度來說，會覺得似乎並沒有移動。

話雖如此，如果是以數萬年～數十萬年以上的時間尺度來看，則群星的位置會有明顯的改變，而且星座形狀也大不相同。例如，在北方夜空中、我們熟悉的北斗七星，雖然目前的形狀像勺子一樣，但是再過大約10萬年可能就會變成反S形。

在恆星之中，也有一些大幅移動的例外。例如夏季星座蛇夫座的巴納德星（Barnard's Star，亮度9.5等，距離地球約5.96光年），1年移動的角度為大約10.4秒（1秒為3600分之1度）。約100年後，它會在天球上移動滿月大小（約0.5度）的一半左右。

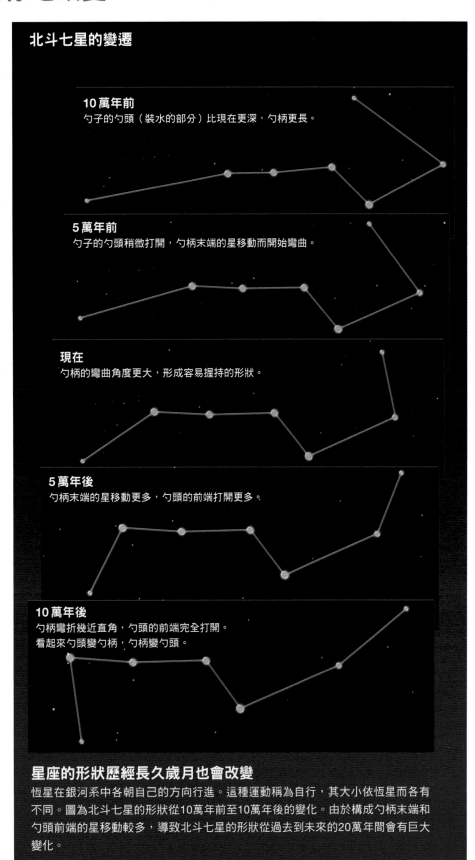

北斗七星的變遷

10萬年前
勺子的勺頭（裝水的部分）比現在更深，勺柄更長。

5萬年前
勺子的勺頭稍微打開，勺柄末端的星移動而開始彎曲。

現在
勺柄的彎曲角度更大，形成容易握持的形狀。

5萬年後
勺柄末端的星移動更多，勺頭的前端打開更多。

10萬年後
勺柄彎折幾近直角，勺頭的前端完全打開。看起來勺頭變勺柄，勺柄變勺頭。

星座的形狀歷經長久歲月也會改變

恆星在銀河系中各朝自己的方向行進。這種運動稱為自行，其大小依恆星而各有不同。圖為北斗七星的形狀從10萬年前至10萬年後的變化。由於構成勺柄末端和勺頭前端的星移動較多，導致北斗七星的形狀從過去到未來的20萬年間會有巨大變化。

曾經是暗物質的候選者，太暗而難以看到的天體

「MACHO」是massive compact halo object的縮寫，是指大質量緻密暈體或暈族大質量緻密天體。這種天體存在於包覆著銀河系、呈球狀分布的「暈」中，雖然具有質量但體積極小，而且非常暗淡，使用可見光望遠鏡很難發現。當初認為暗物質可能是暗淡的天體，因此把MACHO視為暗物質候選者進行探索。不過，由於使用望遠鏡觀察MACHO十分困難，所以只能藉由它和其他天體的重力交互作用來確認其存在。

1993年，美國和澳洲的聯合研究團隊確認了大麥哲倫雲中的恆星顯現出「重力透鏡效應」。這表示地球和大麥哲倫雲之間有MACHO存在，像透鏡一般把星光彎曲了。但是，天文學家估算了包括暈在內的整個銀河系的暗天體總質量，結果遠遠無法滿足暗物質的標準，因此把MACHO剔除在候選者之外。

截至目前為止所發現的MACHO大小和質量，較小者僅太陽的10分之1，較大者也只有太陽的規模。MACHO包括棕矮星、木星規模的行星、白矮星、中子星、黑洞。

恆星臨終放出的氣體發亮的狀態

各式各樣的星雲之中，有一種星雲呈現圓盤狀，稱為「行星狀星雲」。赫歇爾（第16頁）使用望遠鏡進行觀測時，發現觀測到的星雲之中有些看起來像是行星，因此稱之為行星狀星雲。但實際上它們的形狀可謂千奇百怪。

行星狀星雲密集分布於銀河系的中心方向上。離我們較近的行星狀星雲中，以天琴座環狀星雲（Ring Nebula）、狐狸座啞鈴星雲（Dumbbell Nebula）、寶瓶座螺旋星雲（Helix Nebula）NGC7293等較為人所知。

恆星在演化的最後階段如果膨脹成紅巨星，其表面會流出大量氣體，在這之中產生微塵粒子和分子。在某些情況下，這些物質會形成有太陽系100倍大的巨大球狀或雙極狀的殼。

在星雲的中心，有一個由失去外層的核所構成的高溫緻密白矮星。白矮星放射出紫外線，使周圍的氣體發出明亮光輝，就是我們所看到的行星狀星雲。星雲以秒速數十公里的速度持續膨脹。

星雲的氣體和微塵粒子逐漸稀薄，數萬年後消融在宇宙空間，最後只剩下中心的白矮星。

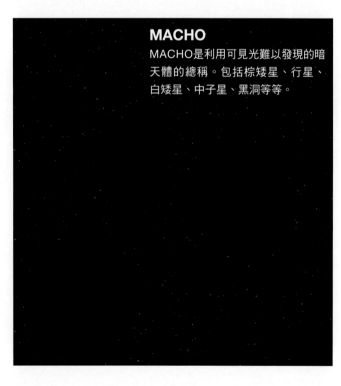

MACHO
MACHO是利用可見光難以發現的暗天體的總稱。包括棕矮星、行星、白矮星、中子星、黑洞等等。

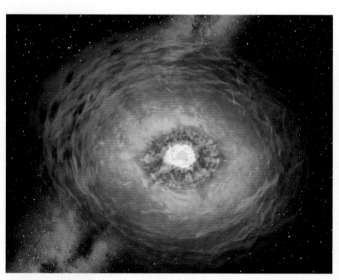

紅巨星的外層部分被吹散，剛形成行星狀星雲的樣貌想像圖。藍色部分為紅巨星末期放出的氣體。紅褐色區域是因為「超級風」（superwind）的質量大釋放所形成的氣體和微塵密集的區域，更內側則是電離的氣體。最外側因為反射從中心星體外洩的藍色可見光，因此呈現明亮的藍色。

亮度會有各種變化的恆星

有一些恆星的亮度會變化，稱為「變星」（variable star）。亮度變化的原因主要有兩種，一種是聯星的食（掩）現象（食變星），另一種是恆星內部的物理因素（物理變星）所造成的。

英仙座大陵五（Algol）是由暗星和亮星組成的聯星，因為暗星以2.867天的週期掩住（食）亮星，使得亮度在2.1等到3.4等之間反覆變化。

物理變星可分成幾種類別。有一種是由於變星本身反覆地膨脹與收縮（脈動），使亮度隨之發生週期性的變化，這種變星稱為「脈動變星」（pulsating star）。

脈動變星又依脈動週期、變光特徵等要素分為幾個族群，包括造父型（週期1～135天，變光範圍0.1～2等）、天琴座RR型（週期0.2～1.2天，變光範圍0.2～2等）、米拉型（Mira variables，週期80～1000天，變光範圍2.5～11等）等。

造父變星的變光週期和絕對星等具有一定的關係，利用這點便能推定鄰近星系的距離。此外，還有一些找不到明確週期性的脈動變星，稱為「不規則變星」（irregular variable star）。

由於星球表層劇烈活動造成不規則變光的星稱為「激變變星」（cataclysmic variable star）。大熊座SU星就是個典型例子，週期約19天，變光幅度約4等。

其他類型的變星還有「爆發變星」（eruptive variable star）、「旋轉變星」（rotating variable star）等。爆發變星是因為星球外層及大氣的爆炸造成不規則變光。旋轉變星是因為星球自轉造成目視亮度的變化。

太陽非變星，但詳細調查後，已知其亮度以大約11年的週期反覆呈現0.1%左右的變化。

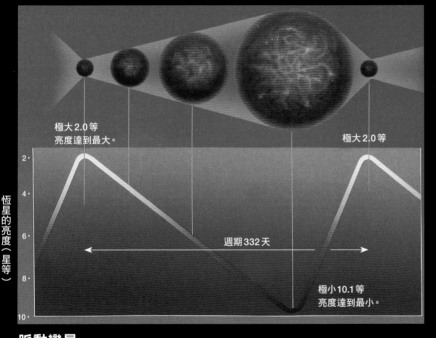

恆星的亮度（星等）

極大 2.0 等
亮度達到最大。

極大 2.0 等

週期 332 天

極小 10.1 等
亮度達到最小。

脈動變星

代表性脈動變星「米拉」（Mira）的變光機制。米拉是邁向老齡期的恆星，反覆地膨脹與收縮造成目視亮度的變化。週期、極大與極小星等都會變化。

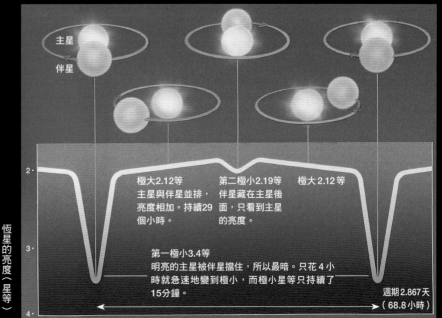

主星

伴星

恆星的亮度（星等）

極大2.12等
主星與伴星並排，亮度相加。持續29個小時。

第二極小2.19等
伴星藏在主星後面，只看到主星的亮度。

極大2.12等

第一極小3.4等
明亮的主星被伴星擋住，所以最暗。只花4小時就急速地變到極小，而極小星等只持續了15分鐘。

週期2.867天
（68.8小時）

食變星

代表性的食變星「大陵五」的變光機制。大陵五是聯星，兩顆恆星以非常近的距離相互繞轉。由於從地球上看到的兩顆恆星的位置變化，造成目視亮度隨之變化。

變星的觀測使宇宙擴展到銀河系之外

「造父變星」是一種變星，亮度以1～135天為週期在變化。變光的幅度是在藍色波段的1等前後。這種變星的代表為仙王座δ星（造父一，Delta Cephei），因此稱為「造父變星」。變光的原因可能是恆星本身在反覆地膨脹與收縮（脈動）。

雖然是一種變星，但造父變星的亮度和變光週期之間具有特別的關係：變光的週期越長，平均的亮度就越明亮。1908年，勒維特（Henrietta Leavitt，1868～1921）觀測小麥哲倫雲裡面的造父變星，發現變光週期和亮度有關。

後來人們才知道可以利用造父變星的這個性質，依據變光週期求算絕對星等（真正的亮度）。把絕對星等和目視星等做比較，便能夠計算出恆星到地球的距離。只要利用這個方法，就連遙遠的星系及球狀星團的距離，也可以藉由其中所含的造父變星來求算。

發現利用造父變星來測定距離的方法後，我們逐漸釐清了銀河系的形貌。而且在測定仙女座星系和麥哲倫雲的距離之後，得知這些天體並不在我們的銀河系裡面。人們也藉此明白了，宇宙的範圍其實擴及銀河系之外。

藉由造父變星的觀測，得知「仙女座星雲」其實是位於我們銀河系之外的「仙女座星系」。這也代表我們的銀河系並非宇宙的全部，只是宇宙中無數個星系的其中之一而已。

註：星系的大小做了誇大呈現。
　　此外，各星系的距離為與我們銀河系之間的距離。

距離與亮度的關係

如果變光週期相同，而且恆星本來的亮度（絕對亮度）相同，則可依據目視亮度推算距離。以兩個變光週期相同的變星為例，如果其中一顆的目視亮度為另一顆的100分之1，則距離為10倍遠。

基本上，若能發現變光週期相同、絕對亮度相同的變星，便能依目視亮度求算距離。

獅子座星系II 距離78萬光年 直徑500光年 矮橢圓星系
小熊座星系 距離22萬光年 直徑1000光年 矮橢圓星系
天龍座星系 距離26萬光年 直徑500光年 矮橢圓星系
獅子座星系I 距離84萬光年 直徑1000光年 矮橢圓星系
仙后座星系NGC147 距離218萬光年 直徑1萬光年 橢圓星系
銀河系 直徑10萬光年
大麥哲倫雲 距離16萬光年 直徑2萬光年 矮不規則星系
玉夫座星系 距離27萬光年 直徑1000光年 矮橢圓星系
小麥哲倫雲 距離20萬光年 直徑1萬5000光年 矮不規則星系
仙女座星系NGC224（M31）距離250萬光年 直徑15～22萬光年 螺旋星系
船底座星系 距離35萬光年 直徑500光年 矮橢圓星系
三角座星系NGC598（M33）距離296萬光年 直徑4萬5000光年 螺旋星系
鯨魚座星系IC1613 距離243萬光年 直徑1萬2000光年 矮不規則星系
天爐座星系 距離48萬光年 直徑3000光年 矮橢圓星系

藉由重力連結的
多顆恆星

2顆以上的恆星藉由彼此重力相連結，繞著共同重心（多顆恆星的質量中心）做軌道運動的天體稱為「聯星」（binary star）。通常，較明亮的一方稱為「主星」（primary star），較暗的一方稱為「伴星」（companion star）。

在看似2顆恆星疊合在一起的「雙星」（double star）之中，有些是聯星、有些不是聯星，只是從地球上看去恰巧位於天空的相同方向上。這種出現在同一方向上的雙星，稱為「目視雙星」（visual double star）。大熊座開陽（Mizar）和開陽增一（Alcor）可能就是一對目視雙星。

宇宙中像太陽這樣單獨存在的恆星（單星）是少數，應有半數以上的恆星都組成聯星系統。

聯星之中，有些能夠使用望遠鏡觀察而分辨出各顆恆星，稱為「目視聯星」；有些無法使用望遠鏡分辨出來，但可依據其軌道運動的樣態得知有伴星存在，稱為「光譜聯星」（spectroscopic binary star）。雙子座北河二（Castor）、天琴座織女三（Zeta^1 Lyrae）都屬於目視聯星；室女座角宿一（Spica）、北極星則屬於光譜聯星。

聯星的兩顆恆星之間的距離，如果接近到和恆星的大小差不多，稱為「密近聯星」（close binary star）。密近聯星會發生彼此交換物質等交互作用，而對各顆恆星的演化產生重大影響。例如，其中一顆恆星的物質不斷流向另一顆恆星，最後只剩下中心核。此外，也有其中一個天體為黑洞，不斷地吸入伴星物質的「黑洞聯星」（black hole binary star）等。第一個被發現的黑洞也是形成這樣的聯星系統。

聯星的軌道

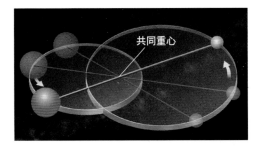

聯星會互相繞著共同重心（多顆恆星的質量中心）旋轉。兩顆恆星的連線必定通過共同重心。以天狼星等為首，可能有一半以上的恆星都是聯星。通常較亮者稱為「主星」，較暗者稱為「伴星」。如果知道兩顆恆星的公轉軌道和週期，便可求得質量。除了由兩顆恆星組成的聯星，還有三合星、四合星等。北極星是個三合星。

共同重心

白矮星表面發生的
爆炸現象

極為暗淡的恆星突然變得非常明亮，看起來好像出現了一顆新的恆星，故稱之為「新星」（nova）。

新星是激變變星的一種。因為名稱和超新星相似，所以很容易被誤解是相同的天體，其實它們的發生原因和增光機制完全不同。新星並沒有誕生新的恆星。

其亮度變化遠比一般的變星大上許多，在幾天的時間內就會增亮數千～數萬倍。其後，會花數天到數十天的時間，緩緩回復原先的亮度。此為恆星本身爆炸所造成的現象，被吹散的質量只有恆星整體的1000分之1左右。在銀河系內，1年能夠觀測到數十顆新星。

新星爆炸發生於白矮星和紅巨星組成的「密近聯星」系統。從低溫紅巨星流入白矮星的物質降積在白矮星的表面，一旦超過極限，新形成的氫層溫度便會升高，引發劇烈的核融合反應而爆炸。

新星爆炸的規模越大（越亮），爆炸後會越急遽地變暗。利用這個關係可以推定「絕對星等」。

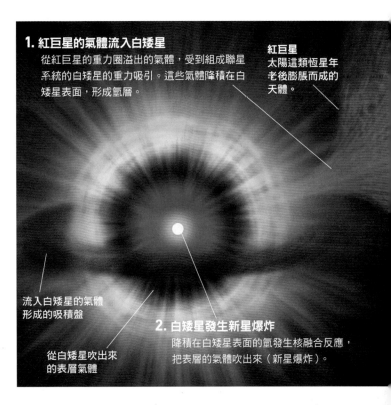

1. 紅巨星的氣體流入白矮星
從紅巨星的重力圈溢出的氣體，受到組成聯星系統的白矮星的重力吸引。這些氣體降積在白矮星表面，形成氫層。

紅巨星
太陽這類恆星年老後膨脹而成的天體。

流入白矮星的氣體形成的吸積盤

從白矮星吹出來的表層氣體

2. 白矮星發生新星爆炸
降積在白矮星表面的氫發生核融合反應，把表層的氣體吹出來（新星爆炸）。

重星臨終時發生的爆炸現象

「超新星」（supernova）是指明亮程度劇增到光度超過太陽10億倍以上的恆星。它的出現遠比新星罕見，1個星系內數十年才會出現1次。不過，銀河系內自1604年之後就再也沒有發現過。

1987年，大麥哲倫雲中出現了超新星「SN1987A」。距離只有短短的16萬光年，所以能夠進行詳細的觀測。位於日本岐阜縣山中的「神岡核子衰變探測器」（Kamiokande，Kamioka Neutrino Detection Experiment）偵測到了當時產生的微中子。

超新星可依原來的恆星質量與引發爆炸之現象的差異，分成I型和II型兩種類型。

質量為太陽10倍以上的恆星，在演化的最終階段會形成鐵芯，但由於鐵無法產生原子核能量，所以會發生爆炸性的收縮。此時釋放出的龐大重力能量有部分轉化成爆炸的能量，於是成為II型超新星。鐵芯分解成中子，最終以中子星的形式殘留下來。非常重的恆星則會形成黑洞。

宇宙初期存在的物質絕大多數是氫、氦之類的輕元素。更重的元素則是藉由恆星內部的核融合反應合成產生，再藉由超新星爆炸拋撒到宇宙空間。

I型超新星又可分為多種類型。「Ia型」是組成聯星系統的其中一方恆星物質流入另一方白矮星上，降積到超過極限後發生大爆炸，把整顆恆星吹散而形成的。Ia型超新星變至最明亮時的絕對星等大致上為固定，所以只要測定目視亮度，就能求算發生超新星爆炸的星系到地球的距離。

相對於此，「Ib型」是I型之中出現氦吸收線的類型；「Ic型」是矽吸收線及氦吸收線都看不到的類型。

II型超新星的機制

重星到了生命的最後階段，由於燃料氫不足而開始膨脹，成為紅巨星。恆星中心的灰燼堆聚固化，最後形成鐵核。鐵不會發生核融合反應，因此急速收縮並發生重力塌縮，在中心區產生了由中子集結而成的高密度中子星。朝中心區收縮的物質撞擊中子星而反彈，產生震波。震波把恆星的外層吹散，放出大量名為微中子的粒子。超新星爆炸的亮度高達太陽的10億倍左右。飛散的氣體後來成為星際氣體的原料。最後，留下了中子星和黑洞。

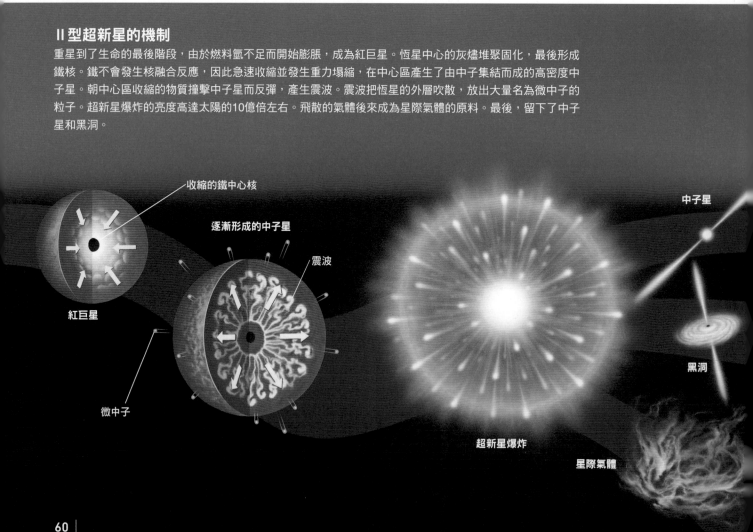

收縮的鐵中心核

逐漸形成的中子星

震波

中子星

紅巨星

微中子

黑洞

超新星爆炸

星際氣體

巨大質量恆星死亡之際發出的「臨死哀嚎」

所謂的「伽瑪射線暴」（gamma ray burst），是指高能量伽瑪射線在短時間內發亮的現象。伽瑪射線的能量範圍極為寬廣，達到可見光的10萬～1兆倍。

伽瑪射線暴在宇宙各個角落頻繁發生。第一次發現是在1960年代，但是長期以來始終無法了解其本體。藉由觀測衛星的精密觀測，才得以逐漸揭開它的神祕面紗。

質量為太陽大約25倍以上的恆星，在其一生的最後階段所發生的爆炸稱為「超新星爆炸」（supernova explosion）。爆炸之際，恆星的中心核承受不住本身重力而塌縮，成為連光也會吞噬進去的黑洞。

不過，部分物質沒有掉進黑洞，而是以細噴流（高速粒子流）的形式斷斷續續地猛烈噴出。這個時候，有些較晚噴出、

速度較快的噴流團塊會追撞較早噴出、稍微緩慢的噴流團塊。接近光速（秒速約30萬公里）的噴流團塊撞在一起，使得大量伽瑪射線以細射束的形式沿著噴流方向噴出。這可能就是在地球上觀測到的伽瑪射線暴之一。

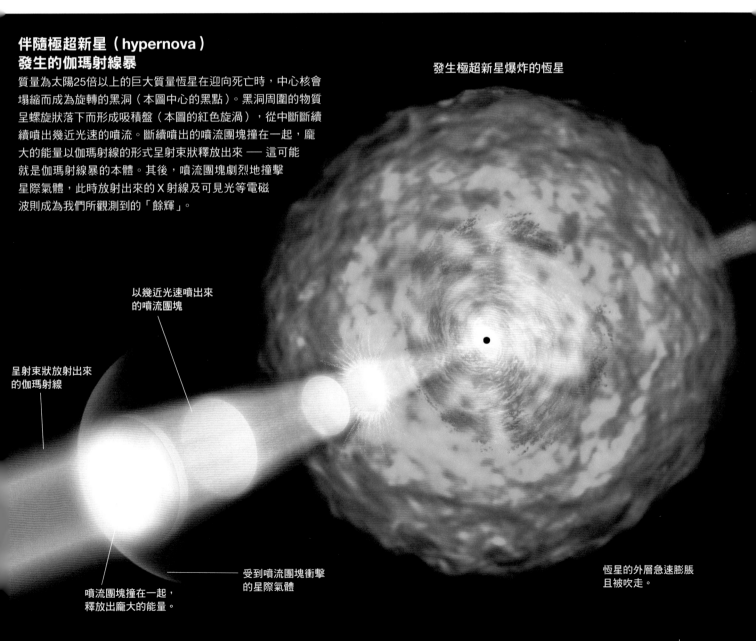

伴隨極超新星（hypernova）發生的伽瑪射線暴

質量為太陽25倍以上的巨大質量恆星在迎向死亡時，中心核會塌縮而成為旋轉的黑洞（本圖中心的黑點）。黑洞周圍的物質呈螺旋狀落下而形成吸積盤（本圖的紅色旋渦），從中斷斷續續噴出幾近光速的噴流。斷續噴出的噴流團塊撞在一起，龐大的能量以伽瑪射線的形式呈射束狀釋放出來 —— 這可能就是伽瑪射線暴的本體。其後，噴流團塊劇烈地撞擊星際氣體，此時放射出來的X射線及可見光等電磁波則成為我們所觀測到的「餘輝」。

發生極超新星爆炸的恆星

以幾近光速噴出來的噴流團塊

呈射束狀放射出來的伽瑪射線

噴流團塊撞在一起，釋放出龐大的能量。

受到噴流團塊衝擊的星際氣體

恆星的外層急速膨脹且被吹走。

由中子構成的高密度天體

所謂的「中子星」（neutron star），是質量非常大的恆星在其一生最後階段所顯現的樣貌。在1967年第一次發現中子星的存在。

中子星是重星的中心核耗盡了原子核的能量後，收縮到直徑10公里左右所形成的超高密度（10^{17}公斤／立方公尺）恆星。整顆恆星全由中子所構成。

中子星仍為原來的恆星時是以一般的自轉速度在自轉，但成為中子星之後，由於質量幾乎沒有改變，體積卻收縮到非常小的程度，所以根據角動量守恆定律會變成超高速自轉。其磁場也變得非常強，達到太陽的10億倍。

中子星拖著如此強大的磁場高速自轉，會大幅擾亂其周圍的氣體，進而隨著氣體中帶電粒子的運動，放射出電波、可見光、X射線等電磁波。這些射束從中子星的南北兩個磁極放出，一邊打轉一邊朝各個方向掃射出去，宛如燈塔的光一般，因此有時也稱為「宇宙的燈塔」。

我們在地球上觀測到這種射束時，就好像接收到脈動的電波一樣。這種看起來好像是以短週期在斷斷續續放射電磁波的天體，稱為「脈衝星」（pulsar）。

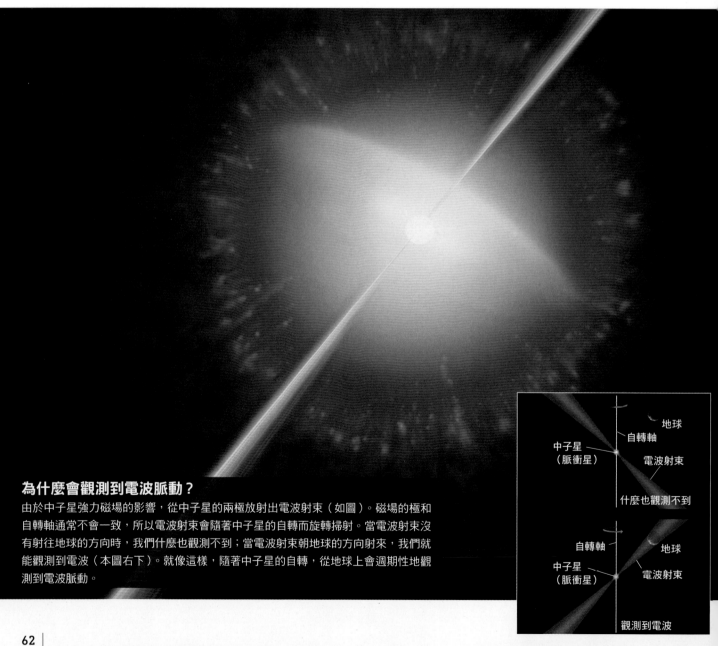

為什麼會觀測到電波脈動？
由於中子星強力磁場的影響，從中子星的兩極放射出電波射束（如圖）。磁場的極和自轉軸通常不會一致，所以電波射束會隨著中子星的自轉而旋轉掃射。當電波射束沒有射往地球的方向時，我們什麼也觀測不到；當電波射束朝地球的方向射來，我們就能觀測到電波（本圖右下）。就像這樣，隨著中子星的自轉，從地球上會週期性地觀測到電波脈動。

地球
自轉軸
中子星
（脈衝星）
電波射束

什麼也觀測不到

自轉軸
地球
中子星
（脈衝星）
電波射束

觀測到電波

重力強大到就連光也無法脫逃的天體

「黑洞」（black hole）是具有強大重力，令所有物體都無法從中脫離的天體。因為就連光也無法脫離，所以冠以「黑」的名稱。雖然我們看不到黑洞，但可藉由落入其中的物質所放出的輻射來確認其存在。隨著X射線天文學的蓬勃發展，其存在已獲得確認了。最初被列為黑洞候選者的「天鵝座X-1」是放出強烈X射線的天體，與另一個藍色超巨星組成聯星系統。

在由黑洞組成的聯星系統中，

黑洞會利用巨大的重力剝取與它共組聯星系統的恆星外層氣體，使氣體一邊高速旋轉一邊加速，被黑洞吸進去。這個時候會形成「吸積盤※」（accretion disk）。氣體被吸入吸積盤時會放出強力的X射線，所以可藉此間接得知黑洞的存在。

非常重的恆星發生超新星爆炸之後，最後可能會形成黑洞，但是在這個狀況下形成的黑洞其質量只有太陽的10倍左右。相對於此，在由恆星聚集而成的星系

中心，可能有質量為太陽100萬倍以上的巨大黑洞存在。天文學家觀測到在銀河系中心有多顆恆星做著劇烈的運動，因此其中心可能有個巨大黑洞存在。

自2015年以來，藉由重力波（第18頁）的觀測，已經發現了好幾個黑洞的聯星合併成一個黑洞的例子。2019年4月，使用電波望遠鏡首度拍攝到巨大黑洞的影子。

※：吸積盤在中子星、恆星、白矮星的周圍也會形成。

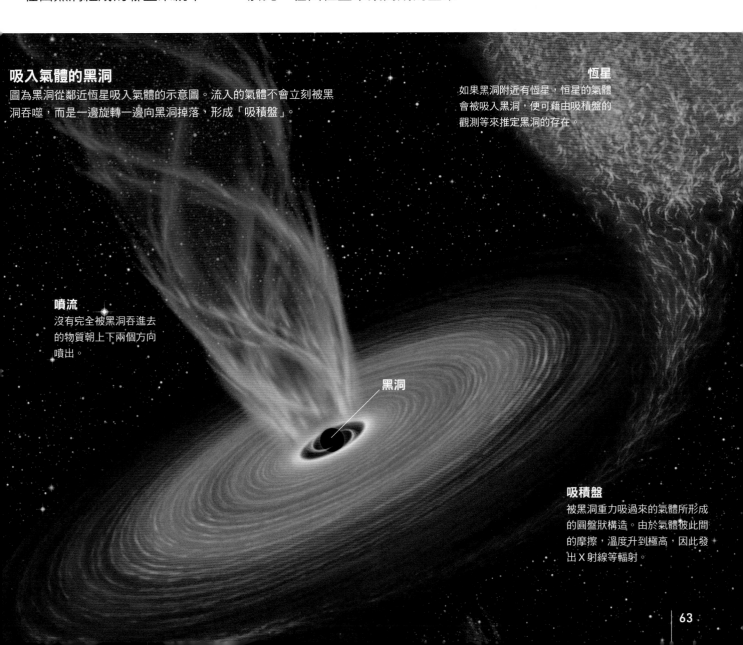

吸入氣體的黑洞
圖為黑洞從鄰近恆星吸入氣體的示意圖。流入的氣體不會立刻被黑洞吞噬，而是一邊旋轉一邊向黑洞掉落，形成「吸積盤」。

恆星
如果黑洞附近有恆星，恆星的氣體會被吸入黑洞，便可藉由吸積盤的觀測等來推定黑洞的存在。

噴流
沒有完全被黑洞吞進去的物質朝上下兩個方向噴出。

黑洞

吸積盤
被黑洞重力吸過來的氣體所形成的圓盤狀構造。由於氣體彼此間的摩擦，溫度升到極高，因此發出X射線等輻射。

史上首次直接
拍攝黑洞成功！

　　2019年4月，首度直接觀測到了黑洞「黑穴」的新聞震驚了全世界。這項成果源自於由臺灣中央研究院天文及天文物理所等全球13個研究機構、以及200名以上的研究人員共同參與的「EHT」（Event Horizon Telescope，事件視界望遠鏡）國際合作觀測計畫，拍攝到距離地球約5500萬光年的星系「M87」（室女座A星系）中心的巨大黑洞影子。

　　截至目前為止，無法直接看到黑洞的主因在於黑洞的目視大小非常微小，憑現在的望遠鏡「視力」（解析力）還不足以看到這樣的大小。因此，EHT利用「干涉儀」這項技術，使用多架相隔遙遠的望遠鏡同時觀測天體傳來的光，再把各架望遠鏡觀測到的光（這次是電波）疊合起來，進行特殊處理。這就像是以多架望遠鏡設置間隔中的最大距離作為一架虛擬電波望遠鏡的口徑，藉此獲得極高的解析力。EHT使用位於智利的「ALMA望遠鏡」及位於夏威夷、歐洲、北美洲、南極等地共8架望遠鏡，建構了實效口徑約1萬公里的電波干涉儀，藉此直接拍攝到黑洞的影子。

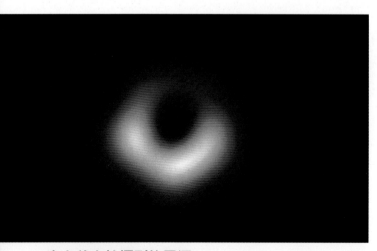

史上首次拍攝到的黑洞
明亮光環內側的暗圓就是史上首次觀測到的黑洞影子。明亮光環是通過黑洞周圍的光（高溫氣體發出的光）受到黑洞的巨大重力吸引，導致行進路線大幅彎曲，因而形成了環繞著黑洞的模樣。光環上下的亮度不同，可能是黑洞及其周圍的氣體在旋轉的徵象。

受到潮汐力拉扯
而粉碎

　　黑洞有一個境界面稱為「事件視界」（event horizon）。如果太空船越過這個地方而被吸入，便會朝中心的奇異點（singularity）墜落。越接近黑洞中心則重力越強，所以太空船前端和後端所承受的重力會產生巨大的差異，這稱為「潮汐力」（tidal force）。地球上的海洋由於太陽和月亮的重力而發生漲潮和退潮，也是基於相同的原理。

　　物質朝黑洞落下時會受到潮汐力的拉扯，最後粉身碎骨。但是，潮汐力的大小會依黑洞大小而有所不同。令人意外的是，黑洞越小潮汐力反而越大。以質量與太陽差不多的小黑洞為例，在被吸入事件視界的時候，潮汐力達到地球表面的1兆倍。物質會被拉得細長，就像義大利麵一樣。

　　另一方面，如果是巨大黑洞，事件視界的潮汐力很小，所以不會感受到有什麼力存在，即使吸進去也不會發生什麼變化，甚至不會察覺到被吸進黑洞。但是，隨著越來越接近中心的奇異點，重力越來越強，就會感覺到被拉長……最後應該也會粉身碎骨吧！以現在的物理學來說，尚無法得知物質掉到奇異點時會變成什麼模樣。

小黑洞　　　　　　　　　　　　大黑洞

被吸進黑洞的話……
圖為太空船被吸入大黑洞和小黑洞的想像圖。如果掉入小黑洞（左），機體會被拉長到好像義大利麵條一樣；如果掉入大黑洞（右），在抵達事件視界之前不會被拉扯，一路往黑洞行進。此外，當重力強時光的波長也會被拉長，所以從觀測者來看，機體會逐漸變成紅色。

會吐出所有物質的白洞是幻想的產物嗎？

「白洞」（white hole）是和黑洞一起被預言存在的天體，但至今尚未確認其存在。兩者具有把彼此的時間顛倒過來的關係。也就是說，黑洞是沒有任何東西能脫離其內部的天體，白洞則是沒有任何東西能停留在其內部的天體。

白洞會把集中於其內部的奇異點質量，以物質、光等形式不斷地吐出來。如同黑洞有個境界面，白洞也有個境界面。任何物質都能從白洞的境界面內側往外側移動，但即使是光也無法從外側進入內側。

有些科學家認為，即使假設白洞真實存在，我們也無法觀測到。理論上，白洞也具有重力，其強度和黑洞相當。如果真是這樣，那從白洞內部吐出來的物質以及原本就在周圍的物質，理應會受到白洞的吸引才對。但是就白洞的性質而言，被它吸引的物質並無法進入其內部。結果，這些物質會降積在白洞的表面，整體而言會使其質量越來越大。最後會變成相當於有一個比白洞質量更大（半徑也更大）的黑洞存在。

能在一瞬間移到另一個宇宙的橋梁

最新理論所預言的另一個洞穴是「蟲洞」（worm hole）。蟲洞的構造有如把一個空間和另一個空間相連的通道，只要通過蟲洞就能在一瞬間移到另一個空間。之所以稱為蟲洞，是因為這個「空間的通道」好像是個被蟲蛀蝕而成的洞穴。

被黑洞吸入的物質有可能避開奇異點，從白洞跑出來。這種宛如把黑洞和白洞連結在一起的通道構造也稱為蟲洞。不過，通道的另一頭是不同於我們這個宇宙的另一個宇宙。而且，也不能從白洞那邊回來。

還有，這個蟲洞可能是極不穩定的存在。因此，雖然理論上可以通過，但實際上如果物質和光要通過的話，因此產生的能量變動將會增加，可能導致崩潰。

就理論而言，沒有奇異點且不是單向通行的蟲洞是有可能存在的。假設真的有這樣的蟲洞存在，我們便有可能在一瞬間移動到遠方，然後再回到原處。也就是超越了「空間的障壁」。甚至或許還可以利用蟲洞超越「時間的障壁」，從事時間旅行呢。

吐出物質與光的白洞
圖為白洞的想像圖，描繪了從中心的奇異點飛出物質（基本粒子）及光的場景，不過，實際上我們並不知道會從奇異點飛出什麼東西。

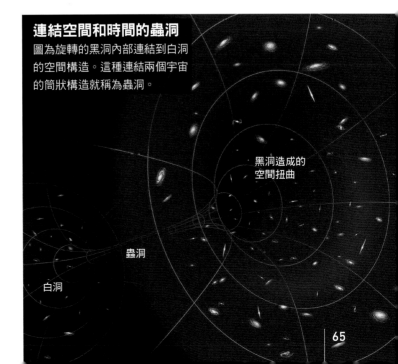

連結空間和時間的蟲洞
圖為旋轉的黑洞內部連結到白洞的空間構造。這種連結兩個宇宙的筒狀構造就稱為蟲洞。

黑洞造成的空間扭曲

蟲洞

白洞

3 太陽系與星座

我們的太陽系誕生於大約46億年前。其周圍有八顆行星、矮行星、小行星等各式各樣的天體在繞轉。由於距離地球較近而容易觀測，所以人們對於太陽等太陽系天體做了詳細的研究。

本章將介紹各具特色的太陽系內天體，以及和我們生活息息相關的星座。

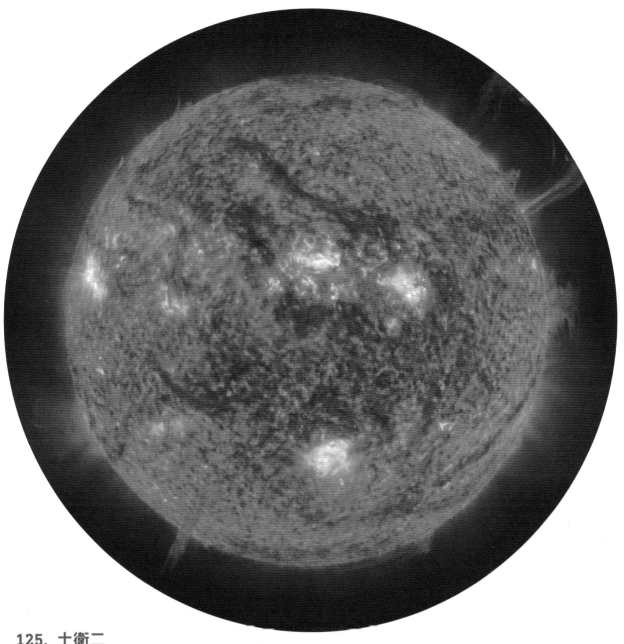

天體投影的虛擬球面與太陽在天球上的路徑

「天球」（celestial sphere）是以地球上的觀測者為中心描繪而成的球面，把實際上位於各種不同距離的天體都投影在該球面上。在表示天體的位置及運動時，使用天球會很方便。

把地球的自轉軸往南北延伸，與天球相交的點稱為「天球北極」（north celestial pole）和「天球南極」（south celestial pole）。把地球的赤道面放大延伸，與天球相交所形成的大圓稱為「天球赤道」（celestial equator）。地球以1年時間繞行太陽一圈（公轉），所以從地球上看去就像是太陽在天球上繞行一圈。太陽在天球上行進1年所走

的路徑稱為「黃道」（ecliptic）。

由於地球的自轉軸是傾斜的，所以黃道也隨之傾斜。黃道相對於天球赤道傾斜約23.4度。黃道與天球赤道相交於2點，稱為「春分點」（vernal equinox）和「秋分點」（autumnal equinox）。太陽在天球上從南半球進入北半球的點（3月21日前後）是春分點，從北半球往南半球移動的點（9月21日前後）是秋分點。

在表示天體的位置時，我們經常會利用在天球上訂定經度和緯度所構成的座標系。以天球赤道為基準的座標系稱為「赤道座標系」（equatorial coordinate system）。對應地球緯度的「赤

緯」（declination）以赤道為0度，往北為正（＋）、往南為負（－），各自劃分為90度。對應地球經度的「赤經」（right ascension）以春分點為起點，以時間單位劃分為0～24時，1小時為15度，24小時共360度。

地球繞太陽公轉的軌道平面稱為「黃道面」（ecliptic plane）。黃道面與天球相交的大圓稱為黃道，也就是太陽在天球上行進的路徑。太陽系主要天體的公轉軌道面幾乎一致，與黃道面的傾斜角度非常小。除了天王星之外，自轉軸大致上都垂直於黃道面，不過地球和火星的自轉軸比較斜，所以會產生四季的變化。

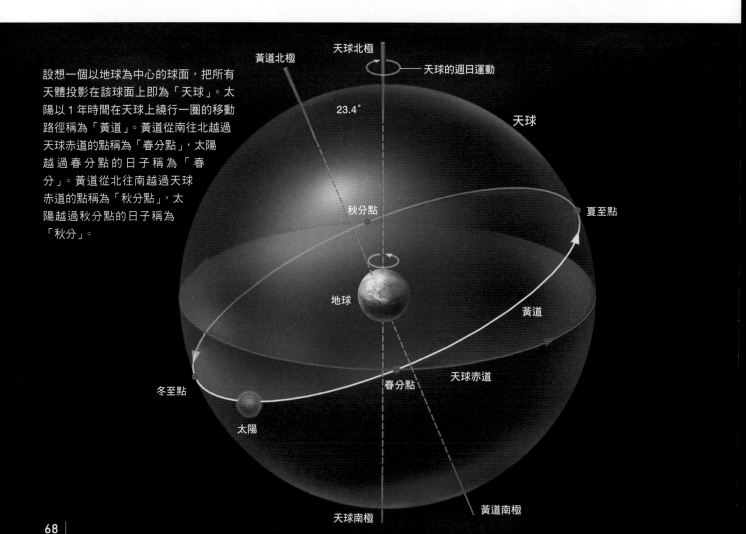

設想一個以地球為中心的球面，把所有天體投影在該球面上即為「天球」。太陽以1年時間在天球上繞行一圈的移動路徑稱為「黃道」。黃道從南往北越過天球赤道的點稱為「春分點」，太陽越過春分點的日子稱為「春分」。黃道從北往南越過天球赤道的點稱為「秋分點」，太陽越過秋分點的日子稱為「秋分」。

地球像一個微弱的陀螺在搖晃

夜空群星會隨著地球的自轉，在一夜之間由東向西移動。不過，有一顆星即使過了長久的歲月，也是幾乎不動。那就是小熊座α星，也就是俗稱的北極星（Polaris）。北極星位於地球自轉軸往北的延長線上──北極的正上方（天球北極），所以目視位置幾乎不會變動。北極星是顆2等星，所以自古以來就被人們作為辨識北方的指標。

但是，若問北極星是不是永遠都能作為指向北方的指標星，答案是否定的。事實上，地球的自轉軸並非一直朝向固定方向，而是以大約2萬6000年為週期在旋轉，因此天球北極也會在天球上移動。

這個地球的運動稱為「歲差運動」（precessional motion），宛如一個微弱的陀螺在旋轉。歲差運動是受到月球和太陽的重力影響所致。

大約5000年前，天球北極位於4等星天龍座α星（右樞，Thuban）的附近。事實上，似乎也曾有人把這顆星當作北極星，作為指向北方的指標星。相反地，在距今大約1萬2000年後，天琴座α星──也就是因為七夕傳說而聞名的織女星（Vega）將會來到天球北極附近。

另一方面，南極的正上方並沒有明亮的星，也就沒有眾人公認的南極星。因此，通常是利用南十字座（Crux）等來權充指向南方的指標星。

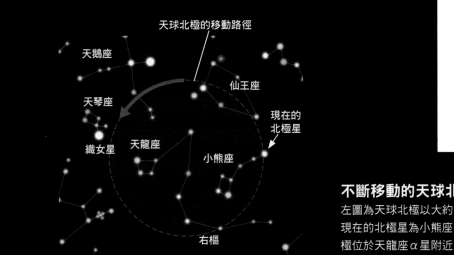

天球北極的移動路徑
天鵝座
天琴座
織女星
天龍座
仙王座
現在的北極星
小熊座
右樞

不斷移動的天球北極

左圖為天球北極以大約2萬6000年為週期在旋轉的路徑。現在的北極星為小熊座α星，但在大約5000年前，天球北極位於天龍座α星附近。而在距今大約1萬2000年後，天球北極可能會移到天琴座α星的附近。

如左下所示，地球自轉軸因為歲差運動而旋轉，所以位於自轉軸延長線上的天球北極會跟著移動。

天球
天球北極的移動路徑
自轉軸長年以來在旋轉
地球
現在的自轉軸（天球北極的方向）

旋轉軸本身在旋轉

陀螺的旋轉軸

陀螺的歲差運動

所謂的歲差運動，是指例如旋轉的陀螺逐漸失去勁道時，旋轉軸本身會旋轉的運動。

註：本圖的星座形狀等參考自渡邊教具製作所的STAR CHART。

太陽與受其重力支配的天體集團

「太陽系」（solar system）是由太陽與水星、金星、地球、火星、木星、土星、天王星、海王星這8顆行星及其衛星、矮行星、小行星、彗星、充滿行星際的物質所組成。行星曾經有9顆，但在2006年把冥王星歸類為矮行星之後，就減為8顆了。

太陽與地球之間的平均距離約為1億5000萬公里，稱為1天文單位。太陽到海王星的距離約為45億公里（約30天文單位），

但太陽的磁場廣達約150億公里（約100天文單位）遠。

光是太陽就占了太陽系總質量（重量）的99.866%，行星和衛星占了剩下的0.134%。就數量而言是行星和彗星最多，但它們的總質量只占整個太陽系的10萬分之1左右。這些天體全都沿著相同的方向繞著太陽公轉。公轉軌道全都在大致相同的平面上，軌道是以太陽為其中一個焦點、接近正圓的橢圓形。

地球內側的水星和金星稱為「內行星」（inner planet），地球外側的火星到海王星稱為「外行星」（outer planet）。此外，水星、金星、地球、火星稱為類地行星（地球型行星），木星和土星稱為氣體巨行星，天王星和海王星稱為冰質巨行星。除了水星和金星之外，每個行星擁有1顆或多顆衛星。木星、土星、天王星、海王星不僅擁有眾多的衛星，也擁有環。

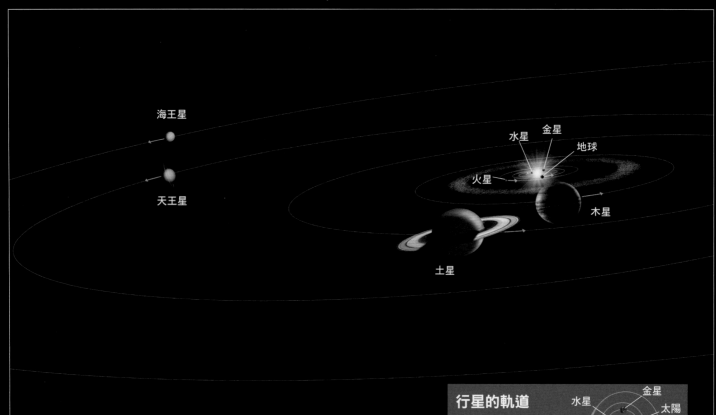

現在的太陽系面貌

八顆行星依照與太陽的距離，由近至遠依序為水星、金星、地球、火星、木星、土星、天王星、海王星。水星～火星的範圍為與太陽相距0.4～1.5天文單位，小行星帶為2～4天文單位，木星～海王星的範圍為5～30天文單位。

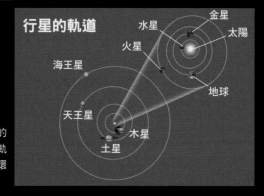

行星的軌道

行星全都在大致相同的平面上，順著橢圓形軌道，沿著相同的方向環繞太陽公轉。

太陽系在大約46億年前由分子雲孕育而生

太陽系在大約46億年前，從氣體和固體微塵粒子組成的分子雲中孕育而生。母體分子雲的大小可能超過現在的太陽系100倍以上。這個分子雲由於某種因素而開始收縮，形狀從原本的球狀逐漸扁平化，最後形成圓盤狀的原太陽系盤。收縮持續進行，其中的微塵粒子不斷地碰撞、合併，成長為大小大約1公分左右的微粒子，逐漸沉積在圓盤的赤道面。

微粒子在這裡成長為大小數公里左右的微行星，然後微行星互相碰撞、合併，形成了原行星（protoplanet）。

原行星會吸引星雲的氣體而成為大氣，並且捕捉微行星而加速成長。

後來，圓盤的氣體被吹散到太陽系外面。之後，地球以內部噴出的氣體為基礎形成大氣，孕育了生命。

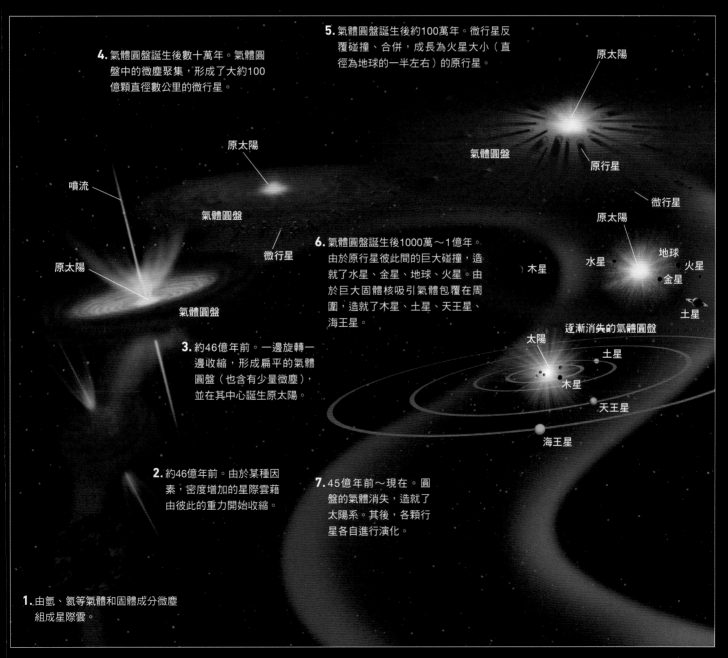

4. 氣體圓盤誕生後數十萬年。氣體圓盤中的微塵聚集，形成了大約100億顆直徑數公里的微行星。

5. 氣體圓盤誕生後約100萬年。微行星反覆碰撞、合併，成長為火星大小（直徑為地球的一半左右）的原行星。

3. 約46億年前。一邊旋轉一邊收縮，形成扁平的氣體圓盤（也含有少量微塵），並在其中心誕生原太陽。

6. 氣體圓盤誕生後1000萬～1億年。由於原行星彼此間的巨大碰撞，造就了水星、金星、地球、火星。由於巨大固體核吸引氣體包覆在周圍，造就了木星、土星、天王星、海王星。

2. 約46億年前。由於某種因素，密度增加的星際雲藉由彼此的重力開始收縮。

7. 45億年前～現在。圓盤的氣體消失，造就了太陽系。其後，各顆行星各自進行演化。

1. 由氫、氦等氣體和固體成分微塵組成星際雲。

噴流　原太陽　氣體圓盤　微行星　原太陽　氣體圓盤　原太陽　原行星　微行星　原太陽　地球　水星　火星　金星　木星　土星　逐漸消失的氣體圓盤　太陽　土星　木星　天王星　海王星

全盤支配太陽系的46億歲恆星

「太陽」（Sun）是一般質量的主序星。表面溫度約6000K，相對於地球的自轉週期為大約27天。

太陽是一個巨大的氣體團塊，主要成分為氫占70%，氦占近30%，碳、氮、氧等只占0.1%。這些元素的原子因為高溫而被奪走電子（電離），成為電子與離子混雜在一起的電漿狀態。

中心區不斷地發生核融合反應 —— 氫融合成氦，進而產生原子核能量。這個能量傳送到稱為「光球」（photosphere）的表層（厚約400公里），以可見光等電磁波的形式釋放到外面，這就是我們看到的陽光。

太陽中心核的溫度高達1600萬K，處於高溫高壓的狀態，所以核融合反應製造的能量會撞擊周圍的氣體粒子，無法直線行進。因此，需要花上好幾萬年的時間才能穿過輻射層。在這段期間，被周圍奪走的能量會轉換成可見光。從表面放出的光只需8分20秒就能抵達地球，但這些光從太陽中心核製造出來的時間是在10萬～1000萬年前。

而光球的外面是「色球」（chromosphere），厚約2000公里，溫度約1萬K。更上方有溫度高達約100萬K的「日冕」（corona），範圍廣達太陽直徑的數倍以上。這些層放射出強烈的紫外線和X射線。太陽的年齡約46億歲，未來應該會繼續發光50億年左右。

表面溫度約6000K，其上空為100萬K

中心核持續發生核融合反應，處於1600萬K的高溫狀態。越往表面則溫度越低，到了光球降到6000K。但是，在光球上空僅2000公里處的日冕，溫度又上升到100萬K。

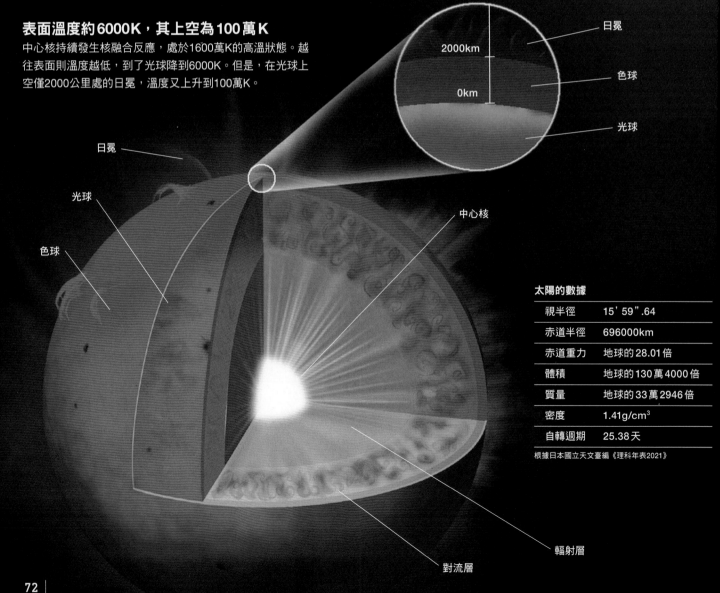

日冕
2000km
色球
0km
光球

日冕
光球
色球
中心核
輻射層
對流層

太陽的數據	
視半徑	15'59".64
赤道半徑	696000km
赤道重力	地球的28.01倍
體積	地球的130萬4000倍
質量	地球的33萬2946倍
密度	1.41g/cm³
自轉週期	25.38天

根據日本國立天文臺編《理科年表2021》

95 | 日冕

實為從太陽釋放出來的電漿

日冕相當於太陽的大氣，在太陽活動活躍時會散布到整個太陽表面，尤其是在太陽黑子（第76頁）周邊特別顯著。

日冕的溫度高達100萬K，比光球表面（約6000K）還要高，不過，目前仍不曉得其溫度會升到如此之高的原因。氫和氦的原子由於高溫而被奪走電子，因而形成電漿。在太陽活動的停滯期，太陽的極區會出現沒有日冕的日冕洞。

太陽會突發性地放出大量電漿，該現象稱為「日冕巨量噴發」（coronal mass ejection），與週期約9～11年的太陽活動有連動關係。在太陽活動的極小期，1天會發生1次左右的日冕巨量噴發，在極大期則增加到5～6次。

若想把日冕巨量噴發造成的影響抑制到最小，則宇宙天氣預報是不可或缺的作業。日冕巨量噴發等太陽活動對於我們的生活影響重大，所以必須時時觀測。

根據太陽與太陽圈觀測站（SOHO，第160頁）的測定結果，日冕巨量噴發的速度為秒速200～2700公里，平均500公里。日地關係觀測站（STEREO，第160頁）從相隔遙遠的2個位置對太陽做立體觀測，拍攝了日冕巨量噴發的3維影像，為日冕巨量噴發的研究帶來了重大成果。

96 | 太陽風

太陽放出的帶電粒子流

「太陽風」（solar wind）是指太陽放出的帶電粒子（離子）。彗星離太陽很遠時並沒有尾巴，但接近太陽時就會產生尾巴。這是因為彗星的大氣層氣體被太陽的熱揮發後，順著太陽風流動，因而形成了尾巴的形狀。太陽風雖然無法以肉眼看見，但藉由彗星的尾巴可以得知其存在。

太陽以太陽風的形式在1秒鐘內釋放出10億公斤的物質。這個數量相當於太陽的核融合反應在1秒鐘內製造之物質的5分之1。太陽系的空間充滿了太陽風。

太陽風會受到地球磁場的作用，所以無法直接抵達地面。不過，它會通過複雜的路徑集中在地球夜側，成為電漿片（plasma sheet）。聚積於電漿片的帶電粒子以高速衝入大氣，使得大氣發出多彩變幻的亮光，這個現象稱為極光（aurora）。若太陽風增強，則會產生更壯麗的極光，但地球的電離層也會隨之發生變化而造成地面的通訊中斷等等，對生活帶來極大影響。太陽風和日焰（第74頁）、日冕巨量噴發一樣，在太空中造成的影響更大。

人造衛星沒有受到地球磁場和大氣的保護，所以持續受到太陽風的直接衝擊。此外，正在從事艙外活動的太空人也會有危險。因此，必須善用宇宙天氣預報。

為了紀念太陽觀測衛星SOHO開始觀測20週年而舉辦的攝影比賽最優秀作品。把SOHO觀測到的太陽影像和日冕巨量噴發的影像疊合而成。可知日冕擴展到遠超出太陽直徑的地方。

被太陽風剝削的火星。根據美國的火星探測器「MAVEN」（Mars Atmosphere and Volatile Evolution Mission，火星大氣與揮發物演化任務）的觀測結果，火星的大氣及其上層每1秒被太陽風颳走大約100公克。若以46億年的太陽系歷史來看，這個量非常龐大。

太陽表面的活動會影響整個太陽系

我們會透過太陽表面發生的現象來觀測太陽的活動，那裡是太陽系中活動最劇烈的地方，其影響擴及整個太陽系。有時人造衛星上配備的電子儀器會因此受到損害，或使正在從事艙外活動的太空人招致危險，就連我們的日常生活也無法倖免，所以必須時時監視太陽的活動，公開發布宇宙天氣預報。

太陽表面不時會發生名為「日焰」或「太陽閃焰」（solar flare）的爆炸現象。日焰釋放的能量相當於一次投放超過1億顆廣島型原子彈的爆炸威力。

日焰特別容易在太陽黑子的周邊區域發生，規模小者只持續幾個小時，規模大者延續好幾天。日焰會放射出各式各樣的電磁波（可見光、電波、X射線、伽瑪射線等）。日焰的活動似乎也和太陽黑子有著強烈的關聯，在太陽黑子較多的時期，日焰也會頻繁發生，以大約9～11年的太陽活動週期一再反覆。

依據美國靜止環境觀測衛星（Geostationary Operational Environmental Satellite，GOES）所測定的X射線強度，日焰可細分為幾個級別。2003年11月觀測到一個有紀錄以來最大級的日焰，其強度超過了衛星的觀測能力。

在日焰發生的同時，也會發生釋放大量電漿的日冕巨量噴發。這會擾亂地球的電離層，造成無線通訊斷絕等問題，對我們的生活造成各種不良影響。該現象稱為「德林格爾效應」（Dellinger effect）。

此外，如果因為日焰的影響使地球磁層發生大規模磁暴，則地

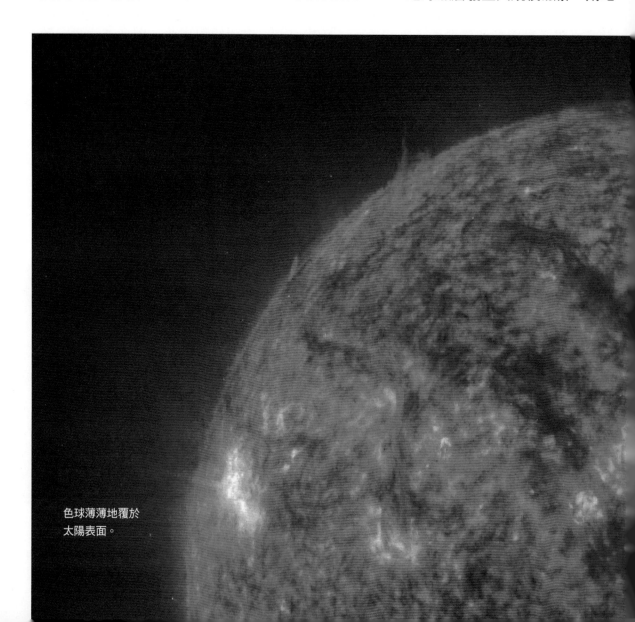

色球薄薄地覆於太陽表面。

球的電力輸送系統恐會受到損害。2006年12月的日焰就影響了汽車導航系統等所使用的GPS（global positioning system，全球定位系統）。

介於光球和日冕之間的氣體層為「色球」，其厚度約為2000～3000公里，以太陽的大小來說算是非常薄的一層。日全食的時候，光球的光被月球遮住，所以能看到環繞著月球剪影的色球。

色球的溫度非常高，使得其中的氫原子釋放出紅光（Hα射線）。因此，如果使用只讓Hα射線穿透的濾鏡，在非日全食的時候也能觀測色球。

色球的溫度分布十分神奇。光球表面的溫度約6000K，從這裡開始溫度隨著高度上升而下降。在光球表面上方500公里的地方，溫度降到大約4500K。但是從這裡開始，溫度卻隨著高度上升而上升。色球上端的溫度高達2萬K左右。

在色球表面，時時會有氣體像尖刺一般噴出，這種尖刺稱為「針狀體」（spicule）。針狀體是高度可達1萬公里的龐然巨物，只持續10分鐘左右。

「日珥」（solar prominence）是指色球的一部分往上噴到日冕裡面的現象。和色球一樣，只有在日全食的時候才有辦法確認。

日珥從發生到消滅的期間，短則1天左右，長則數週至數個月。日珥非常巨大，截至目前為止所觀測到的日珥當中，有些高達80萬公里。

日珥為什麼會發生，為什麼能長期維持形狀不變，至今尚未完全釐清。但可以確定的是，它受到太陽磁場的影響。

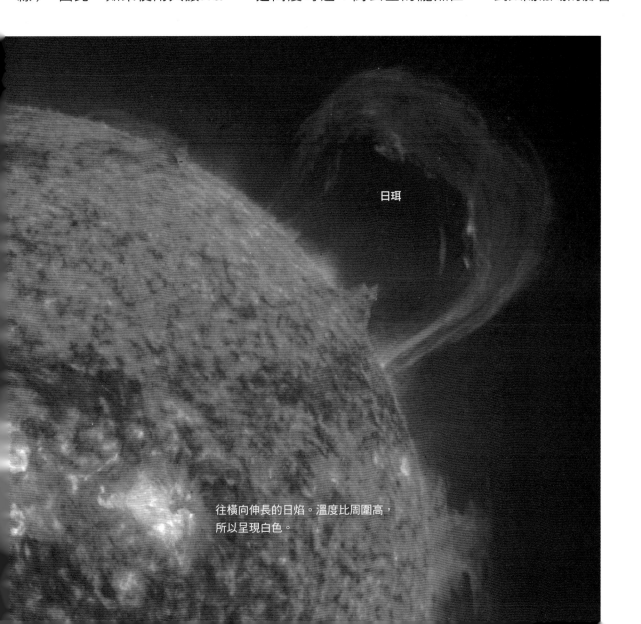

日珥

往橫向伸長的日焰。溫度比周圍高，所以呈現白色。

出現在太陽光球上的黑點

出現在太陽光球上的斑點狀黑暗區域稱為「太陽黑子」或「日斑」（sunspot）。太陽黑子的大小為1萬～3萬公里。這個區域相當於磁力線管的切口，溫度比周圍低約1500K，發出的光比較微弱，所以看起來比周圍區域還要黑。

太陽沒有太陽黑子時看起來比較明亮，但這也是太陽活動比較弱的時期。在17世紀曾有一段長達70年左右的期間，幾乎都沒有觀測到太陽黑子。這段時期稱為蒙德極小期（Maunder minimum），當時地球各地似乎都發生了異常的寒流。

在光球下方的對流層，以11年的週期反覆形成強力的磁場。當磁場的強度大到某個程度時，磁力線會上升而溢出光球外面，這個磁力線衝出光球的地方（切口）就是太陽黑子。從太陽內部運來的能量被太陽黑子的磁場擋住，進而擴散到太陽黑子周圍。因此，太陽黑子的溫度降低，並且在其周邊形成了名為「太陽光斑」（solar facula）的高溫區域。太陽黑子並非單獨出現，大多是成對或成群出現，而且新產生的太陽黑子會逐漸擴大，然後逐漸縮小。

藉由從太陽黑子往日冕延伸的磁力線而發亮的「日焰」，也是在太陽黑子成長期時活動會變得比較劇烈。太陽黑子的形成會週期性地變得活躍，是因為太陽的活動以大約11年為週期做規則性的變化，磁場也依照這個週期跟著變化的緣故。

太陽表面附近的模樣

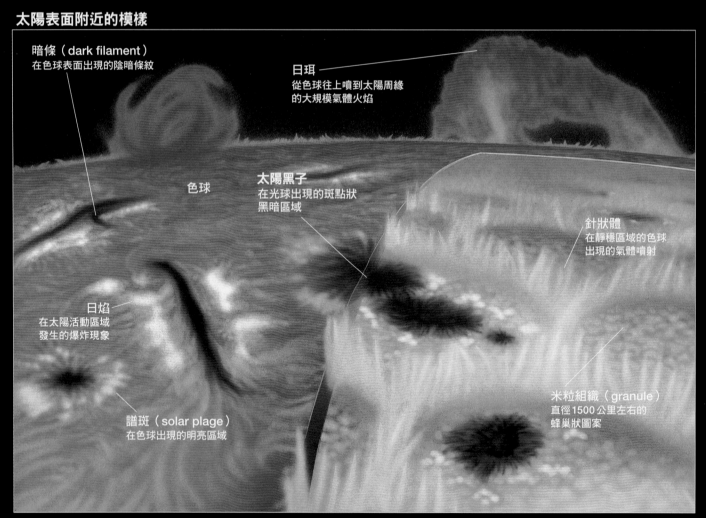

暗條（dark filament）
在色球表面出現的陰暗條紋

日珥
從色球往上噴到太陽周緣的大規模氣體火焰

色球

太陽黑子
在光球出現的斑點狀黑暗區域

針狀體
在靜穩區域的色球出現的氣體噴射

日焰
在太陽活動區域發生的爆炸現象

譜斑（solar plage）
在色球出現的明亮區域

米粒組織（granule）
直徑1500公里左右的蜂巢狀圖案

我們以肉眼觀看太陽時，看到的是「光球」這個部分。光球的外側有相當於大氣的「色球」，更外側有相當於上層大氣的「日冕」。光球為6000K，色球達到1萬K，日冕則超過100萬K。在太陽的表面，可以看到日焰的爆炸現象、針狀體等各式各樣的現象。

從地球上看到的太陽和月球暫時變暗的現象

「日食」（solar eclipse）是從地球上看到的太陽隱藏在月球背後的現象。發生於太陽、月球、地球排成一直線，且月球影子落在地面的時候。太陽的大小為月球的400倍，但太陽與地球的距離也是月球與地球的距離的400倍，所以從地球上看去，月球和太陽的大小幾乎相同，太陽能夠完全隱藏在月球背後。

日食發生於月球為朔（新月）的時候，但並非每逢新月就會發生。月球和地球的軌道傾斜約5°，因此太陽、月球、地球的中心剛好排成一直線的機會不多，日食發生的頻率為一年2～3次。

當月球影子直接落在地面直徑約200公里的區域內，就能看到太陽完全被遮住的「日全食」（total solar eclipse）。月球影子由西向東移動所掃過的帶狀區域稱為「全食帶」（zone of totality）。在全食帶的周圍，能看到太陽一部分被遮住的「日偏食」（partial solar eclipse）。平常看不到的日冕及色球，在日全食的時候單憑肉眼就能看到。

而「月食」（lunar eclipse）是指月球被地球影子遮住而變暗的現象。月食是在太陽、地球、月球依序排成一直線時，月球進入地球的影子而發生。

如果月球一部分進入地球的影子，會發生「月偏食」（partial lunar eclipse）；如果完全進入，就是「月全食」（total lunar eclipse）。不過，即使發生月全食也並非完全看不到月球，而是會看到朦朧的紅銅色圓月。這是因為當陽光通過地球邊緣的部分大氣時會發生折射，使一些陽光轉折進入地球影子的範圍內，其中一部分微微地照到月面。只有紅光照到月面的原理和夕陽相同，短波長的藍光被大氣中的分子及微塵等物質散射而無法抵達，但長波長的紅光則不受阻礙而能繼續行進，最終抵達月面。

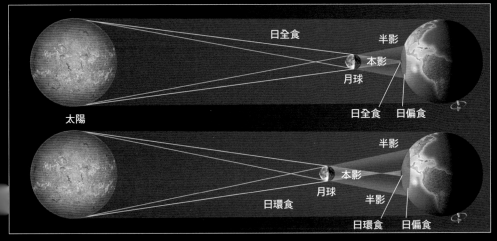

日全食與日環食

月球遮住陽光而產生的月球影子有「本影」和「半影」。本影是陽光無法直接抵達的影子，半影是有部分陽光抵達的影子。本影投射在地面時，在本影的地區會看到日全食。本影沒有直接投射在地面時，在本影的地區會看到日環食。在半影的地區則會看到日偏食。

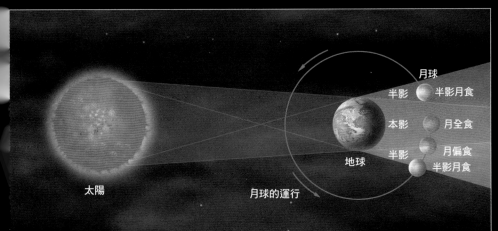

月食發生的原因

太陽、地球、月球依序排成一直線時，稱為望（滿月）。望的時候，如果月球特別接近黃道面，便會進入地球的影子而變暗，這個現象稱為月食。如果是進入地球的半影，則幾乎不會變暗；如果進入本影，便會發生月食。只有一部分進入，會看到月偏食；全部進入，會看到月全食。發生月食的時候，月球從左（東）側開始虧蝕，但即使是月全食也會因為地球大氣的影響而顯現出紅銅色光輝。

和恆星一起誕生
並繞著它公轉的天體

　　太陽系中，由內向外依序有水星、金星、地球、火星、木星、土星、天王星、海王星這8顆「行星」（planet），其中大多數行星擁有衛星。

　　在火星和木星的軌道之間，分布著無數個未能成長為行星的小行星。水星、金星、火星、木星、土星這5顆行星自古以來為人所知，還被納入了曆法和占星術之中。一直要到18世紀以後，人們才得知天王星、海王星和小行星的存在。

　　行星可根據其組成，分為「類地行星（地球型行星）」和「類木行星（木星型行星）」。類地行星的主要成分是岩石和金屬，自火星以內的行星都是這個類型。類木行星的主要成分是氫、氦等氣體。類木行星之中，木星和土星屬於「氣體巨行星」，天王星和海王星屬於「冰質巨行星」。

　　除了太陽系以外，還有其他的行星系存在。這些行星稱為「系外行星」（第104頁）。

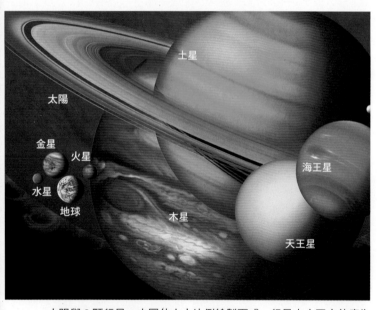

太陽與8顆行星。本圖依大小比例繪製而成。行星由大至小依序為木星、土星、天王星、海王星、地球、金星、火星、水星。與行星相比，太陽無比龐大，半徑為最大行星木星的9.7倍左右。

從地球上看到的
有關行星運行及位置的現象

　　從地球上看到的有關行星運行及位置的現象稱為「行星現象」。內行星（水星、金星）、太陽、地球排成一直線的現象稱為「上合」（superior conjunction），太陽、內行星、地球排成一直線的現象稱為「下合」（inferior conjunction）。

　　內行星在上合和下合的前後期間，會受到陽光阻礙而看不到。從地球上看去，當內行星位於太陽東邊及西邊、距離最遠的「最大距角」時，從地平線往上的高度也最高，最容易進行觀察。此外，內行星在最大距角與下合之間，其亮度也最大。由於內行星一直都在太陽附近而受到陽光干擾，所以會有很長一段時期無法觀測。尤其水星是非常難觀測的行星。

　　自火星以外的外行星、太陽、地球依序排成一直線的現象稱為「合」（conjunction），外行星、地球、太陽依序排成一直線的現象稱為「衝」（opposition）。外行星在衝的時候離地球最近，亮度也最大，一整晚都能看到。

　　從地球上看去，外行星相對於恆星在天球上由西向東移動稱為「順行」（prograde）。不過，行星並非一直保持順行，有時也會暫時停止（留）或往反方向由東向西移動（逆行，retrograde）。

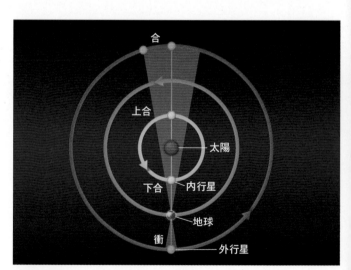

行星現象
內行星（水星、金星）、太陽、地球依序排成一直線的現象稱為「上合」；太陽、內行星、地球依序排成一直線的現象稱為「下合」。外行星（火星、木星、土星、天王星、海王星）相當於上合的情況稱為「合」，外行星、地球、太陽依序排成一直線的現象稱為「衝」。多個行星排成幾近一直線（粉色扇形範圍）的現象稱為「行星連珠」（planetary alignment）。

環繞行星、矮行星、小行星公轉的天體

「衛星」（satellite）是指環繞行星、矮行星、小行星公轉的天體。不過，行星環內由冰及岩石等所構成的微小天體並不包含在衛星當中。

月球是地球唯一的衛星。就地球以外的行星來說，最早發現的衛星是伽利略於1610年發現的木星4大衛星（木衛一、木衛二、木衛三、木衛四），合稱為「伽利略衛星」。

近年來由於觀測技術的發達，陸續發現了多顆新衛星。此外，也知道了有些小行星擁有衛星。

水星和金星沒有衛星。相對於母天體，地球的月球和冥王星的冥衛一非常巨大，或許將其視為聯星比較妥當。火星擁有2顆小衛星，木星、土星、天王星、海王星都擁有多顆衛星。尤其是木星和土星接連發現到新的衛星，目前已經確認的衛星各多達80顆左右。

大部分衛星分布於沿著母行星赤道面的平面上。它們的公轉方向大多與母行星相同，但木星、土星、海王星的衛星當中有一些是逆向運行。

太陽系內最大的衛星是木星的木衛三，直徑大約5264公里，比水星還要大。土星最大的衛星是土衛六（Titan），直徑約5150公里。

比較大的衛星含有大量的岩石和金屬，而小衛星的主要成分則是冰。

木星的衛星木衛一有活躍的火山活動，火山噴出的熔岩覆蓋了整個地表，因此沒有看到月球等衛星表面上常見的隕石坑。土衛六籠罩在濃厚的大氣之下。木衛二的地底下可能擁有液態水，或許可以期待那個地方可能有生命存在。

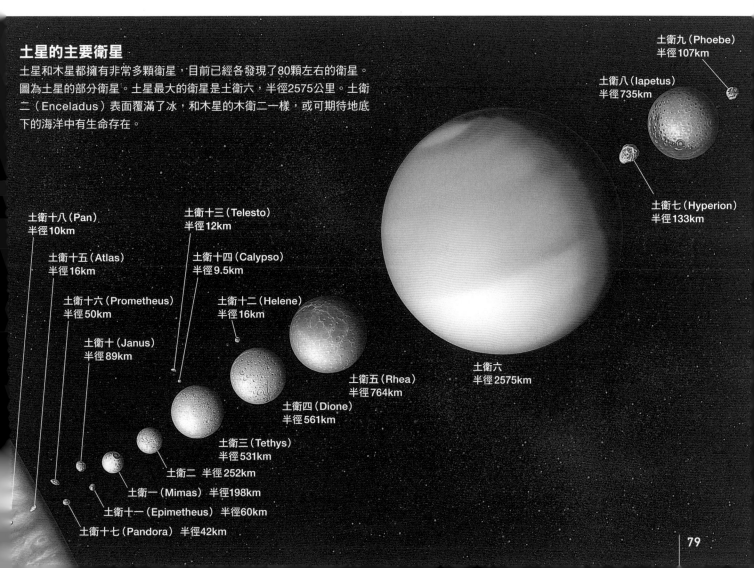

土星的主要衛星

土星和木星都擁有非常多顆衛星，目前已經各發現了80顆左右的衛星。圖為土星的部分衛星。土星最大的衛星是土衛六，半徑2575公里。土衛二（Enceladus）表面覆滿了冰，和木星的木衛二一樣，或可期待地底下的海洋中有生命存在。

土衛九（Phoebe）半徑107km
土衛八（Iapetus）半徑735km
土衛七（Hyperion）半徑133km
土衛十八（Pan）半徑10km
土衛十三（Telesto）半徑12km
土衛十五（Atlas）半徑16km
土衛十四（Calypso）半徑9.5km
土衛十六（Prometheus）半徑50km
土衛十二（Helene）半徑16km
土衛十（Janus）半徑89km
土衛六 半徑2575km
土衛五（Rhea）半徑764km
土衛四（Dione）半徑561km
土衛三（Tethys）半徑531km
土衛二 半徑252km
土衛一（Mimas）半徑198km
土衛十一（Epimetheus）半徑60km
土衛十七（Pandora）半徑42km

在太陽系最內側公轉的行星

「水星」（Mercury）是最靠近太陽的行星。從地球上看去，離太陽不超過28°角，所以只能夠在日出前或日落後的極短暫時間看到，是一顆很不容易觀測的行星。

水星的公轉軌道遠比地球的公轉軌道細長，與太陽相距4600萬～6980萬公里，變化相當大。水星在離太陽最近的近日點所看到的太陽大小，為地球在地球近日點所看到的太陽大小的3倍。

自轉週期約59天，白晝和夜晚的時間都相當長。由於沒有大氣，日夜溫差非常大。在近日點的地表溫度，晝側熱到430℃，夜側則冷到−170℃。

水星的表面與月球表面相似，布滿了隕石坑。最大的卡洛里盆地（Caloris Basin）直徑約1550公里，寬達水星直徑的4分之1。此外，還可以看到許多名為「皺脊」（wrinkle ridge）的狹長斷崖地形。

水星的質量只有地球的20分之1，但是若依據平均密度計算，可知它擁有一個非常巨大的金屬鐵核，核心半徑長達水星半徑的4分之3。

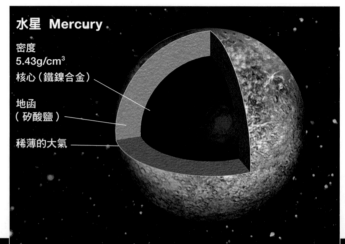

水星 Mercury
密度
5.43g/cm³
核心（鐵鎳合金）
地函
（矽酸鹽）
稀薄的大氣

以鐵為主要成分的核心占了半徑的70%以上。密度極高，僅次於地球。密度未高過地球的原因可能是整體質量太小，無法把內部物質壓縮得像地球這麼緊密。幾乎沒有大氣，但可能被含有鈉等元素的稀薄氣體包覆著。2019年，利用探測器信使號的資料調查水星的重力場，結果發現水星核心的中心為固體，其外側為液體。

從水星表面上看到的皺脊和太陽。皺脊是水星特有的地形，可能是水星形成後冷卻收縮而產生的皺紋般的地形。最長可達500公里。

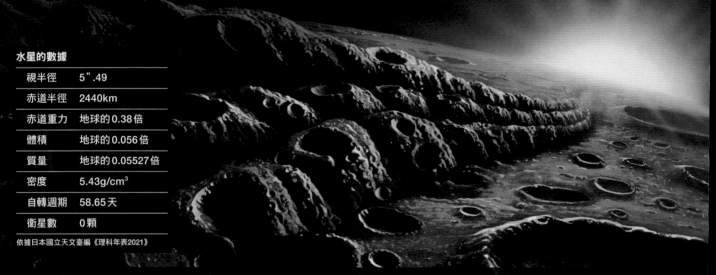

水星的數據

視半徑	5".49
赤道半徑	2440km
赤道重力	地球的0.38倍
體積	地球的0.056倍
質量	地球的0.05527倍
密度	5.43g/cm³
自轉週期	58.65天
衛星數	0顆

依據日本國立天文臺編《理科年表2021》

太陽系的第1號行星是水星。由於過度靠近太陽，很難從地球上進行觀測。即便是為我們捕捉了無數宇宙美景的哈伯太空望遠鏡，也無法用來觀測水星。先前，只有1973年11月發射的水手10號（Mariner 10）曾經觀測過水星，但是只拍攝了水星45%的面貌，使得有一段時間水星始終是太陽系眾行星中最神祕的行星。到了2004年8月，才發射信使號繼承觀測水星的重責大任。信使號要飛到太陽的極近距離可謂困難重重，總共進行了6次的地球、金星、水星的減速飛掠（flyby），終於在2011年3月投入水星的環繞軌道。至此，與水星的最短距離達到1億公里。信使號一邊繞行水星一邊進行觀測，到2015年5月為止總共飛行了79億公里。現在，正在推行第3次水星探測計畫「貝皮可倫坡號」（第145頁）。

緊臨地球內側公轉的兄弟行星

「金星」（Venus）是太陽系的第2號行星。明亮程度僅次於太陽和月球，自古即有「黎明之星」、「黃昏之星」之稱而為人所熟知。從地球看去，金星在太陽東西兩方48°以內的範圍往返，和月球一樣有盈虧。

自轉方向和其他行星相反，週期約243天，轉得非常緩慢。金星被一層濃硫酸的厚雲包覆著，從地球上無法直接看到其地表。

大氣的主要成分是二氧化碳，形成雲粒子的濃硫酸使金星呈現黃白色。上層吹颳著每秒100公尺、比地球西風更強勁的風——大氣層超旋轉（atmospheric super-rotation）。

表面溫度高達470℃，這是因為從地面放出的紅外線無法穿過厚雲層，導致發生溫室效應而蓄積大量的熱。

表面的地形平坦，分布著幾個具有同心圓狀構造的巨大圓形地形（冠岩，corona）。此外，還有多座直徑25公里左右的煎餅狀熔岩圓頂山及火山地形，可知金星過去曾經發生過劇烈的火山活動。

金星被稱為地球的兄弟行星，半徑、質量都與地球相近，內部構造可能也和地球差不多。

2020年，在金星的大氣中發現了「磷化氫」（phosphine），有可能是藉由某種未知化學反應產生的分子。不過，在地球上也有微生物會製造這種分子，因此也有可能是生命體製造出來的。

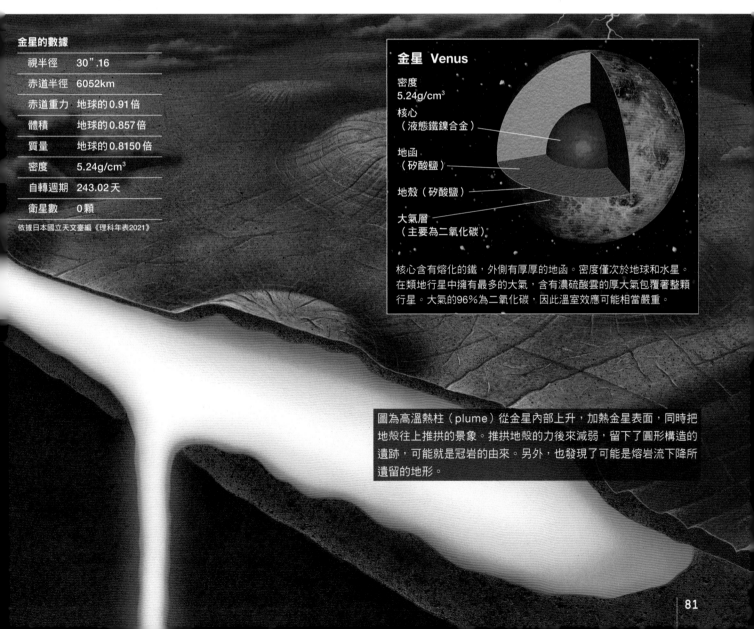

金星的數據

視半徑	30".16
赤道半徑	6052km
赤道重力	地球的0.91倍
體積	地球的0.857倍
質量	地球的0.8150倍
密度	5.24g/cm³
自轉週期	243.02天
衛星數	0顆

依據日本國立天文臺編《理科年表2021》

金星 Venus

密度
5.24g/cm³
核心
（液態鐵鎳合金）
地函
（矽酸鹽）
地殼（矽酸鹽）
大氣層
（主要為二氧化碳）

核心含有熔化的鐵，外側有厚厚的地函。密度僅次於地球和水星。在類地行星中擁有最多的大氣，含有濃硫酸雲的厚大氣包覆著整顆行星。大氣的96%為二氧化碳，因此溫室效應可能相當嚴重。

圖為高溫熱柱（plume）從金星內部上升，加熱金星表面，同時把地殼往上推拱的景象。推拱地殼的力後來減弱，留下了圓形構造的遺跡，可能就是冠岩的由來。另外，也發現了可能是熔岩流下降所遺留的地形。

太陽系唯一孕育生命的行星

「地球」（Earth）是太陽系的第3號行星，也是太陽系中唯一有生命存在的行星。其形狀受到自轉的影響往赤道方向稍微膨脹，而非完全的球形。大氣的主要成分為氮和氧，地面的壓力為1大氣壓。海洋覆蓋著地球表面的70%左右，平均深度為3795公尺。

地球的內部為層狀構造，從表面往下依序為地殼、地函、核心。地殼的厚度在陸地區域為平均30公里，上部主要為花崗岩，下部主要為玄武岩。地函的主要成分是橄欖岩質岩石。核心從地表往下深度約2900公里處開始，上層可能是以鐵為主要成分的熔化金屬，下層可能是固態金屬。

包覆地球的大氣是由電中性原子及分子組成的中性大氣，以及電離成電子和離子的電漿大氣所組成。中性大氣受到地球的重力吸引，在緊鄰地球的外側包覆成球狀，這個場域稱為「重力層」（gravisphere）。

電漿大氣受到地球磁場的吸引，其場域稱為「磁層」（magnetosphere）。地球磁場和太陽放出的電漿流（太陽風）發生交互作用，使得磁層朝太陽的反方向像彗星尾巴那樣拉長（地球半徑的200倍以上）。

地球是在原太陽系盤中誕生，然後經過大約10億年的時間形成了大氣和海洋。有了這樣的環境條件，才得以孕育出生命。最初的生命在距今大約38億～40億年前誕生。

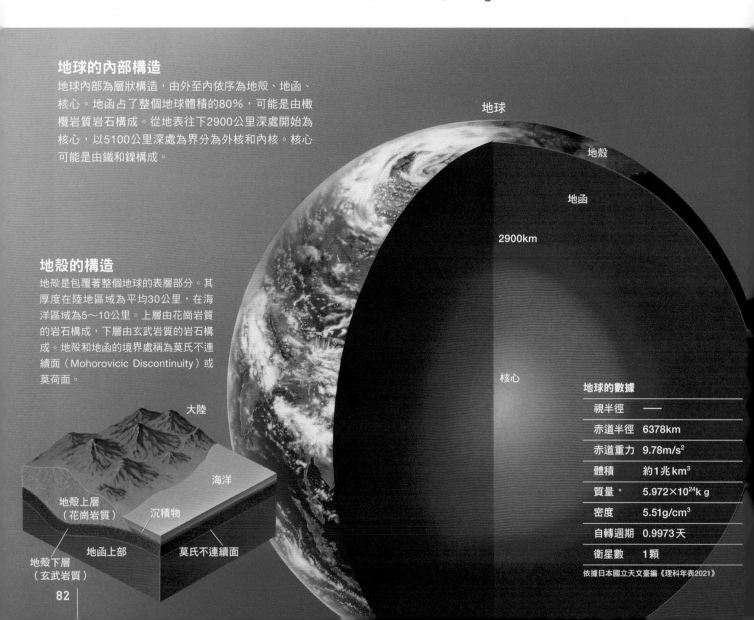

地球的內部構造

地球內部為層狀構造，由外至內依序為地殼、地函、核心。地函占了整個地球體積的80%，可能是由橄欖岩質岩石構成。從地表往下2900公里深處開始為核心，以5100公里深處為界分為外核和內核。核心可能是由鐵和鎳構成。

地殼的構造

地殼是包覆著整個地球的表層部分。其厚度在陸地區域為平均30公里，在海洋區域為5～10公里。上層由花崗岩質的岩石構成，下層由玄武岩質的岩石構成。地殼和地函的境界處稱為莫氏不連續面（Mohorovicic Discontinuity）或莫荷面。

大陸

海洋

沉積物

地殼上層（花崗岩質）

地函上部

莫氏不連續面

地殼下層（玄武岩質）

地球

地殼

地函

2900km

核心

地球的數據	
視半徑	——
赤道半徑	6378km
赤道重力	9.78m/s²
體積	約1兆 km³
質量	5.972×10^{24} kg
密度	5.51g/cm³
自轉週期	0.9973天
衛星數	1顆

依據日本國立天文臺編《理科年表2021》

也可說是地球聯星的唯一巨大衛星

「月球」（Moon）是唯一環繞地球運行的衛星。距離地球約38萬4000公里，公轉週期27.3天，以29.5天的週期呈現盈虧（朔望月）。

最大亮度為−12.6等，約為太陽的50萬分之1。由於自轉週期和公轉週期相同，所以從地球上看去，永遠只能看到相同的半個月球表面。

月面上有陰暗平坦的「月海」（lunar mare）和明亮而起伏多變的「月陸」（lunar terrain）。月海的部分是熔化的玄武岩填埋隕石坑而形成。月陸的部分是由古老的岩石構成，在太陽系初期受到微行星的撞擊而留下許多隕石坑。

地球和月球之間有潮汐力在作用，導致月球以1年3公分的速度逐漸遠離地球。

關於月球的起源，最有力的假說是「大碰撞說」（giant impact hypothesis）。該假說主張地球曾被火星大小的天體撞擊，飛散的碎片重新集結便構成了月球。

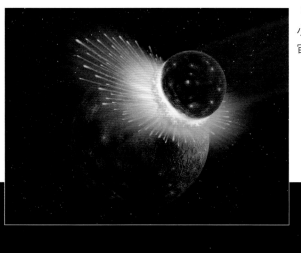

「大碰撞說」主張地球在誕生初期曾經被火星大小的原行星撞擊，因而造成極大的破壞。飛到宇宙中的碎片重新聚集，最後結合成為月球。

「月海」形成時的月面想像圖。隕石坑的裂縫噴出熔岩流，熔岩流填埋了隕石坑，因此形成月海。

陽光造成的月球暗影每天都在變化

　　談到在夜空散發明亮光輝的天體，除了恆星和行星之外，還有地球唯一的衛星 —— 月球。恆星（太陽除外）和行星看起來只是一個點，而月球卻能看到一個面，所以成為夜空中最具有存在感的天體。不過，月面並非總是圓形，會因為陽光造成的暗影而呈現或盈或虧的樣貌。

　　月球非常明亮，所以也稱為月亮，但它並不是像恆星一樣自行發光，而是反射來自太陽的光，所以看起來才會如此明亮。也因為這樣，月球只有被太陽照射到的半個面才會發亮。

　　月球之所以會發生盈虧變化，是因為月球、地球、太陽三者之間的位置關係，導致從地球上看去，月面被陽光照射的部位一直在改變的緣故。例如，當月球剛好來到太陽與地球之間的位置時，從地球上只能看到月球的暗影部分，所以才會看不到月球，這就是「朔（新月）」。

　　另一方面，如果地球剛好來到太陽與月球之間的位置，從地球上能夠看到被陽光照射的整個月面，則為「望（滿月）」。

　　介於從新月到滿月之間的月稱為「上弦月」，介於從滿月到新月之間的月稱為「下弦月」。上弦月是左半側看不到，下弦月是右半側看不到，也就是所謂的「半月」。

　　從新月、上弦月、滿月到下弦月之後，再度成為新月，這樣一個循環稱為「朔望月」，週期為大約29.5天。

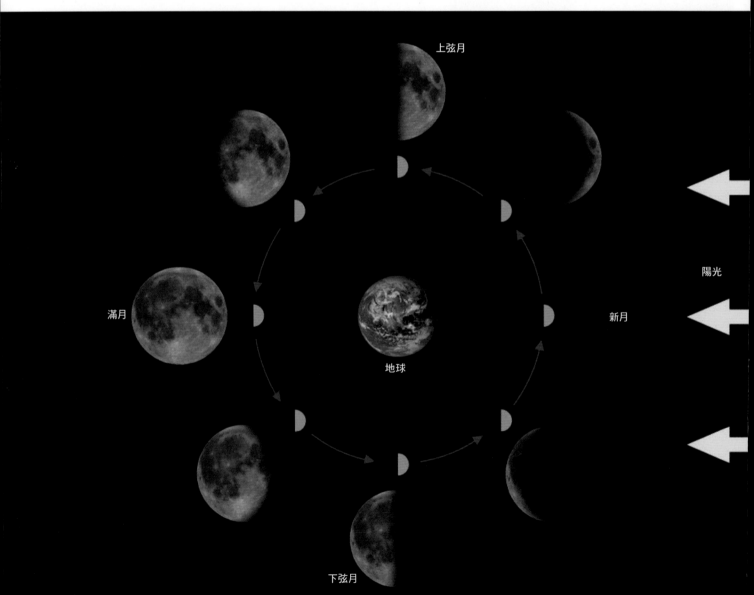

上弦月

滿月

地球

陽光

新月

下弦月

月球和太陽的引力造成了潮水的漲退

地球的表面是由岩石所構成，但大部分表面都被海水覆蓋。

在海岸可以觀察到海水週期性地上下移動，這是受到太陽和月球的引力影響而發生的現象，稱為「潮汐」（tide）。太陽的質量為月球的大約2700萬倍，所以或許有人會認為潮汐受到太陽的影響比較大。但是，太陽與地球的距離為月球與地球的距離的大約400倍，所以反而是月球的影響比較大。對潮汐影響最大的因素是月球的引力，太陽對潮汐的影響只有月球的一半左右而已。

在連結地球和月球的直線上、距離地球中心約4600公里處，是地球和月球的共同重心（公共質心）。地球和月球以這個共同重心為中心，互相繞著對方旋轉，稱為「地月系公轉」。這個公轉使地球上產生了與月球反方向的離心力，該離心力的大小在地球的任何地方都相同。此外，地球在相對於月球的方向上承受著月球的引力。

在地球上背離月球的一側，公轉產生的離心力大於月球的引力；在面朝月球的一側，月球的引力則比離心力大。這兩個力的差異就是引發潮汐的原動力，稱之為「潮汐力」或「起潮力」（tidal force）。由於潮汐力的關

係，地球面朝月球的一側和背離月球的一側會發生滿潮，聚集比其他地方更多的海水，這就是潮汐漲落的機制。

此外，在滿月和新月的時候，太陽位於地球和月球的連線上，潮汐力由於太陽的加持而增強，導致潮汐漲落的差異最大，稱為「大潮」。當太陽與月球以地球為中心而形成垂直的位置關係時，受月球影響而生的潮汐力和受太陽影響而生的潮汐力會互相抵消，導致潮汐漲落的差異最小，稱為「小潮」。

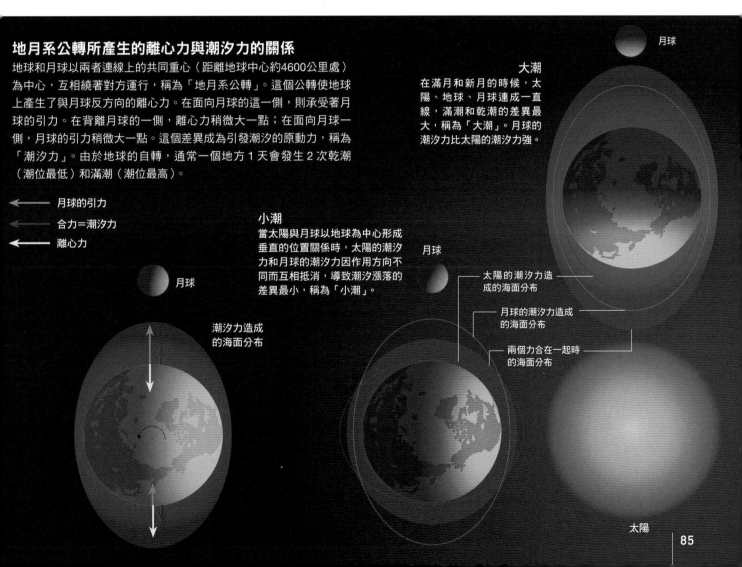

地月系公轉所產生的離心力與潮汐力的關係

地球和月球以兩者連線上的共同重心（距離地球中心約4600公里處）為中心，互相繞著對方運行，稱為「地月系公轉」。這個公轉使地球上產生了與月球反方向的離心力。在面向月球的這一側，則承受著月球的引力。在背離月球的一側，離心力稍微大一點；在面向月球一側，月球的引力稍微大一點。這個差異成為引發潮汐的原動力，稱為「潮汐力」。由於地球的自轉，通常一個地方1天會發生2次乾潮（潮位最低）和滿潮（潮位最高）。

→ 月球的引力
→ 合力＝潮汐力
→ 離心力

小潮
當太陽與月球以地球為中心形成垂直的位置關係時，太陽的潮汐力和月球的潮汐力因作用方向不同而互相抵消，導致潮汐漲落的差異最小，稱為「小潮」。

月球

潮汐力造成的海面分布

大潮
在滿月和新月的時候，太陽、地球、月球連成一直線，滿潮和乾潮的差異最大，稱為「大潮」。月球的潮汐力比太陽的潮汐力強。

月球

太陽的潮汐力造成的海面分布
月球的潮汐力造成的海面分布
兩個力合在一起時的海面分布

太陽

覆蓋月面的沙左右著未來的月面開發

在下圖中可以清楚地看到，降落月球的太空人在月面上留下了深深的腳印。由此可知，月球表面覆蓋著大量的沙。這種覆蓋在月面上的沙屬於一種「風化層表土」（regolith），特別稱為「月土」或「月壤」（lunar regolith）。

月球被大量的月土覆蓋，高地（月陸）堆積的月土厚度為10～15公尺左右，平地（月海）為4～5公尺左右。

月球上沒有風雨、河川、海洋的侵蝕作用卻堆滿了沙（月土），聽起來真是奇妙。其實，月土是受到宇宙塵及太陽風直接衝擊而產生的，其產生機制和地球上的沙完全不同。

宇宙塵是50微米（20分之1毫米）左右的微粒子，衝入地球的大氣就會成為流星。不過，由於月球沒有大氣，所以宇宙塵不會燃燒成灰燼，反而以秒速約10公里的高速衝撞月面。

宇宙塵和隕石的直接衝撞導致岩石被破壞、加熱乃至於揮發，立刻固化成月土。太陽風的直撞衝擊也同樣會產生月土。

月球沒有大氣，自誕生以來一直在產生月土，所以堆積在古老地形（月陸）的月土較厚，堆積在新地形（月海）的月土較薄。

月面上的月土其產生過程和地球上的沙完全不同，當然性質也截然不同。月土非常微細，所以很容易附著在太空衣和機器上並侵入縫隙。

人類在月面留下足跡之後，經過了一段很長的空窗期，如今月球再度受到人們青睞，期望能作為宇宙探測計畫的前線基地。然而，月土成了月面開發計畫的一大阻礙。在機器的正常運作、建設資材的耐久性、太空船的保持氣密性等方面，都必須開發出相關的技術才能避免月土造成重大問題。

在月面登陸的阿波羅15號太空人艾爾文（James Irwin，1930～1991）在腳底下的沙（月土）留下了許多腳印。月面上，月土堆積的厚度在高地（月陸）為10～15公尺左右，在平地（月海）為4～5公尺左右。若想在月面長期駐留，就必須對月土採取萬全的對策。

政府和民間企業針對月球的計畫趨於白熱化

自阿波羅計畫（第143頁）之後，就再也沒有人類站上月球。雖然以往對於月球的探測十分積極，但這些計畫全都是政府傾全國之力在推行。

不過，在2007年9月，出現了一項和以往的月面探測迥然不同的月面探測競賽「Google月球X大獎」（Google Lunar X PRIZE）。這是一項只憑民間力量把探測器送往月球的計畫，由美國IT企業谷歌（Google）投資贊助，X獎基金會負責執行。參與者只要能達成X獎基金會設定的條件，最快達成的第一名和第二名都能分別獲得一筆獎金。不過，最後該基金會研判似乎沒有任何團隊能夠在期限內達成，因而中止了這項計畫。話雖如此，在這項競賽最後留下來的5個團隊中的日本ispace公司正在推行一項「HAKUTO-R」計畫，自行開發探測器和探測車，打算在2022年登陸月球，在2024年進行月面探測。

另一方面，美國如今正在推行「阿提米絲計畫」（Artemis program），打算在2024年把2名太空人送上月面。這是一項建立在地球以外的天體持續活動所需的技術，以便最終能夠載人登陸火星的計畫，一共有八個國家參與。

這項阿提米絲計畫將在月球近旁建設一座有人據點「門戶」（gate way），作為往來於地球和月球時的月球「入口」。太空人搭乘新型太空船「獵戶座號」（Orion）飛到「門戶」，在「門戶」換乘月球登陸船「HLS」（human landing system，載人登陸系統），再前往月面登陸。

目前預定到2024年登陸月面為止要執行3次任務：2021年的「阿提米絲1號」使用無人獵戶座號進行地球與月球之間的往返試驗；2022年的「阿提米絲2號」派遣太空人乘坐獵戶座號繞到月球背面再回到地球；2025年的「阿提米絲3號」則派遣2名太空人搭乘HLS在月球極區登陸，然後在月面活動約6天。預定自2025年以後，每年執行1次太空人的月面探測任務，或是把觀測裝置等物資送到月面的任務。從2020年代後半期起，將在月面建造名為「阿提米絲基地營」（Artemis Base Camp）的基地。

這項計畫有許多國家的官方機構及民間企業共同參與。

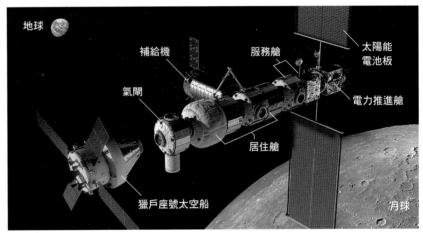

地球　補給機　服務艙　太陽能電池板　氣閘　電力推進艙　居住艙　獵戶座號太空船　月球

作為地球飛往月球的入口「門戶」的完成預想圖
右端配備太陽能電池板的太空艙是最先發射的電力推進艙，隨後依序發射其他太空艙進行連結。左端為獵戶座號太空船。

在月面執行探測活動的想像圖　　　　　　　　　　　　　　　HLS
太空人搭乘月球登陸船「HLS」（右上）登陸於月面，接著進行探測活動的場景。HLS由Blue Origin、Dynetics、SpaceX、Lockheed Martin、Northrop Grumman這5家公司進行研究開發。

環境與地球最相似的行星

「火星」（Mars）是太陽系的第4號行星。每隔大約780天接近地球一次，每隔大約15～17年大接近一次。與地球最接近時的距離為5500萬公里，最大亮度為－3.0等。自轉週期約24小時37分鐘，火星的一天與地球差不多長。赤道面相對於公轉軌道面傾斜約25°，所以和地球一樣有四季。不過，由於其公轉週期為地球的2倍左右，所以每個季節都長達6個月。

表面有大約4分之3的區域為明亮紅褐色的半沙漠狀態，散布著一些隕石坑。比較明顯的地形還有2萬5000公尺高的巨大火山「奧林帕斯山」（Olympus Mons）、長達地球大峽谷10倍的「水手號峽谷」（Valles Marineris）。

赤道區的表面溫度在白天為15℃，夜晚為－100℃。極區擁有由乾冰形成的「極冠」（polar cap），到了冬季會成長擴大。大氣相當稀薄，主要成分為二氧化碳，其中含有許多微塵粒子。

火星的平均密度很低，內部的鐵轉化為氧化鐵，金屬鐵核心也非常小，或者有可能轉化為硫化鐵。火衛一（Phobos）和火衛二（Deimos）這兩顆衛星都呈現不規則的形狀。

在太陽系當中，火星的外層環境最類似地球，甚至可能以前曾有液態水存在。截至目前為止，已經有許多探測器飛往火星，進行了詳細的觀測。2008年7月，探測器鳳凰號（Phenix）在火星的土壤中確認了有水分子存在，接著在9月又確認到上空有降雪。2018年，歐洲的探測器火星快車號（Mars Express）進行雷達觀測，發現了南極附近的地下有湖存在。

因季節變化而產生的沙暴籠罩著火星

火星的自轉軸傾斜約25°，和地球一樣有季節的變化。南半球的夏季會產生大規模沙暴，當地表的沙塵微粒子被捲上天空還會形成黃褐色的「黃雲」（yellow cloud）。此時可能會如圖所示，產生強力的龍捲風把沙塵捲到上空。黃雲籠罩著火星的大片表面，從地球上也能觀測到其變化。

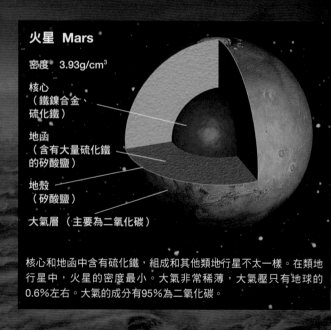

火星 Mars

密度 3.93g/cm³

核心
（鐵鎳合金、硫化鐵）

地函
（含有大量硫化鐵的矽酸鹽）

地殼
（矽酸鹽）

大氣層（主要為二氧化碳）

核心和地函中含有硫化鐵，組成和其他類地行星不太一樣。在類地行星中，火星的密度最小。大氣非常稀薄，大氣壓只有地球的0.6%左右。大氣的成分有95%為二氧化碳。

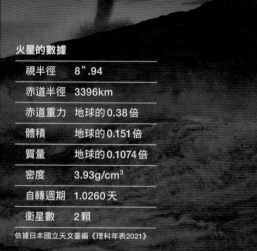

火星的數據

視半徑	8".94
赤道半徑	3396km
赤道重力	地球的0.38倍
體積	地球的0.151倍
質量	地球的0.1074倍
密度	3.93g/cm³
自轉週期	1.0260天
衛星數	2顆

依據日本國立天文臺編《理科年表2021》

也可稱之為太陽系化石的小行星

太陽系中，除了行星及其衛星、矮行星之外，還有許多小天體存在。其中一種就是「小行星」（asteroid）。

小行星集中在火星軌道與木星軌道之間的區域「小行星帶」（asteroid belt）。第一個被發現的小行星是1801年1月發現的「穀神星」（Ceres，2006年起改列為矮行星）。目前已經編號的小行星超過60萬顆。

關於小行星的起源，可以追溯到太陽系誕生的時期。有些小行星是在微行星不斷的互相碰撞、逐漸成長為行星的過程中，未能成長為行星而殘存下來的小天體；有些是一度成長為大型天體，卻因劇烈碰撞等因素而碎裂的小天體。

墜落到地球的隕石大部分源自於小行星。藉由調查這些隕石，可知其中某些隕石的組成與太陽非常相近（氫及其同位素「氚」等氣體成分以外的組成）。由於太陽的質量占了太陽系整體質量的絕大部分，所以太陽的組成和整個太陽系的組成可以說是幾乎相同。因此，小行星很可能是保存著太陽系初期資訊的「化石」。若能得知小行星的組成和形成過程，或許也就能得知初期太陽系的組成和形成過程。

2005年，日本的探測器「隼鳥號」（Hayabusa）著陸於小行星「糸川」（Itokawa）採集樣本，後來把樣本帶回地球。2007年，美國發射了探測器「曙光號」（Dawn）前往最大級小行星「灶神星」（Vesta）和矮行星「穀神星」，對兩者進行了近距離觀測。但是，曙光號在2018年11月耗盡燃料，與地球失去聯絡，只好結束任務。不過，2014年發射的「隼鳥號」後繼機「隼鳥2號」成功飛到小行星「龍宮」（Ryugu），完成採樣攜回地球的任務。2016年美國派往小行星「貝努」（Bennu）採集樣本的「OSIRIS-REx」也計畫在2023年回到地球。

而在位置比較接近地球的小行星之中，也有一些可能會撞擊地球。越大的近地小行星數量越少，撞擊地球的機率也越低。直徑10公里左右的小行星，撞擊地球的機率為1億年1次左右。6500萬年前發生的恐龍大滅絕，可能就是一顆直徑10公里左右的小行星撞擊地球所致。

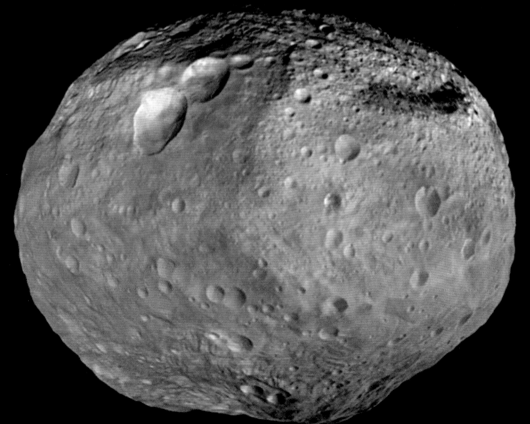

2007年，美國首次把小行星探測器曙光號送往火星與木星之間的小行星帶。曙光號的觀測目標是小行星灶神星和矮行星穀神星，2011年11月首先最接近灶神星，開始進行觀測。左方影像為當時曙光號拍攝的灶神星。灶神星無法藉由本身的重力形成球形，因而呈現如馬鈴薯般的扁平模樣。

日本探測器「隼鳥號」著陸並採樣帶回的小行星

「糸川」是一顆自轉週期約12小時的小行星，歸類於「S型小行星」，是一種岩質天體。「糸川」這個名稱是為了紀念已故的日本太空開發先驅糸川英夫博士。

JAXA（日本宇宙航空研究開發機構）於2003年5月發射的小行星探測器「隼鳥號」在2005年9月抵達糸川，並採集其樣本帶回地球。糸川是除了月球之外，第一個被帶回樣本的天體。這一趟任務帶回了超過3000顆大小約0.01～0.1毫米的糸川微粒子，並持續進行精密的分析。

糸川的微粒子主要由橄欖石及輝石等礦物所組成。其中，也有極少數含有磷酸鈣結晶。科學家利用這種結晶中所含有的微量放射性元素鈾，來調查糸川的形成歷史。

分析的結果顯示，糸川的形成歷史可能如下所述。首先，在大約46億年前太陽系形成時，糸川的母天體誕生了，然後在大約15億年前這個母天體和其他天體碰撞而碎裂。後來，這些碎片藉由重力再度聚集，結合成現今的糸川。可以說這項研究成果意謂著小行星是「太陽系誕生時期的化石」。這是全球首次不是透過墜落地球的隕石間接得知，而是從小行星採集樣本帶回地球，得以直接確定小行星的年代。

此外，科學家也分析了微粒子中的輝石，結果驗出了0.07～0.1%（質量比）的水。先前一直認為S型小行星是水分極少、非常乾燥的天體，得到這個結果真是出乎意料。這對於研究地球水的起源提供了一大重要資訊。

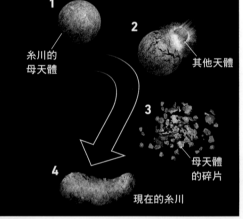

「糸川的歷史」
依據微粒子的年代分析來推測的小行星「糸川」歷史。在大約46億年前，糸川的母天體形成（1）。在大約15億年前，這顆母天體和其他天體發生碰撞（2），破成碎片（3）。碰撞所產生的碎片有一部分藉由重力再度集結，成為現在的糸川（4）。

1
糸川的母天體

2
其他天體

3
母天體的碎片

4
現在的糸川

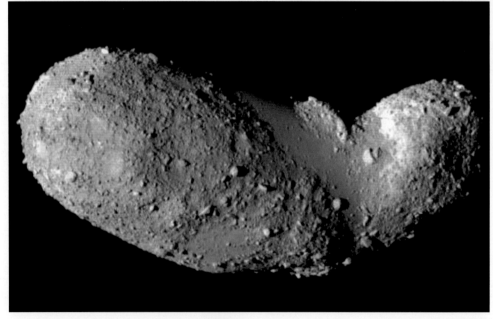

糸川
大小為535×294×209公尺。形狀宛如浮在水面的海獺。表面布滿了大大小小的岩石。

糸川的微粒子
回到地球的「隼鳥號」把裝有糸川微粒子的回收膠囊艙投放到地面。圖為其中一顆微粒子，以掃描型電子顯微鏡拍攝而得。

含有大量水及有機物的小行星採樣攜回任務也成功了

2014年，小行星探測器「隼鳥號」返回地球4年後，後繼機「隼鳥2號」發射升空，前往小行星「龍宮」。龍宮的大小將近糸川的2倍，自轉週期7.6小時，屬於「C型小行星」類型。C型小行星是含有較多有機物及水等成分的碳質天體。

隼鳥2號於2019年2月22日和7月11日兩次著陸於龍宮，採集了龍宮的樣本。2020年12月6日，隼鳥2號的回收膠囊艙脫離本機後順利降落於澳洲。回收的樣本總重量約5.4公克，目前正在進行詳細的分析。

成功達成小行星採樣攜回任務的探測器不只來自日本。NASA（美國國家航空暨太空總署）的小行星探測器「OSIRIS-REx」於2018年12月3日抵達小行星「貝努」。貝努也是一個C型小行星。在貝努的表面影像中，顯現出比周圍明亮10倍之多的岩塊。分析之後，發現它的某些特徵和在小行星「灶神星」及「灶神星遭破壞而形成的小行星」上發現的特徵相同。根據該結果可以推測，貝努的母天體可能曾經受到「灶神星遭破壞而形成的小行星」的撞擊。2020年10月，OSIRIS-REx成功著陸貝努採集了樣本，之後啟程返回地球。

小行星龍宮和貝努的性質都和糸川大不相同。因此，我們非常期待能藉由分析這些回收樣本，找到有助於探索地球的水及生命起源的重要線索。

龍宮
小行星龍宮在1999年被發現，2015年9月將其命名為「龍宮」。推估其直徑為900公尺左右。

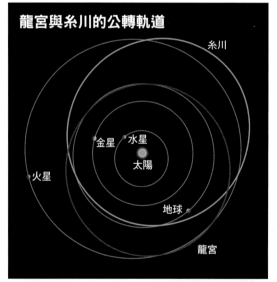

龍宮與糸川的公轉軌道

A室內的粒子

5毫米

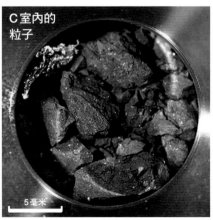

C室內的粒子

5毫米

貝努
「OSIRIS-REx」於2018年12月2日從距離大約24公里遠之處拍攝小行星貝努的影像。貝努的直徑約500公尺，屬於含有較多碳及有機分子的「C型小行星」。

採集容器內確認的龍宮粒子
使用光學顯微鏡拍攝的隼鳥2號投下的採集容器樣本。左為裝在採集容器內A室的樣本，右為裝在採集容器內C室的樣本。A室內為第一次著陸時採集的樣本，C室內為第2次著陸時採集的樣本。已經確認兩個收集室內所裝的粒子大多都在1毫米以上。C室內的粒子比較大。

太陽系最大的氣體巨行星

「木星」（Jupiter）是太陽系中最大的行星，半徑為地球的11倍左右，質量高達地球的318倍左右。密度為每1立方公尺約1330公斤，這個值比起地球更接近太陽。木星和地球這類擁有堅硬地表的類地行星不一樣，屬於表面被氣體包覆的「氣體巨行星」。說到巨大的氣體星球通常會想起太陽，木星的主要成分是氫和氦，這點就和太陽很相似。

木星的核心由岩石和冰構成，質量可能為地球的10倍左右。核的外側有液態金屬氫層、液態分子氫層，最外側為氫和氦的氣體層。

木星表面是紅褐色帶、白色帶交錯組成的美麗條紋圖案。

木星的大氣中含有由氨和硫化銨構成的雲。這些雲之中，反射陽光較強的部分呈現明亮的條斑狀，稱為「區」（zone）；反射陽光較弱的部分呈現陰暗的帶紋狀，稱為「帶」（belt）。

事實上，這些雲的條紋圖案一直在變動。產生這種現象的原因在於，木星上空有平行於赤道的東風和西風在交錯吹颳。雲浮在這些強風的上方，隨著這些風的流動而創造出條紋圖案。於是在東風和西風交錯之處，便產生了各種大大小小的旋渦圖案。

木星表面最顯眼的地方就是最大的旋渦圖案「大紅斑」（Big Red Spot）。自從1665年被法國天文學家卡西尼（Giovanni Cassini，1625～1712）發現以來，這個大紅斑迄今未曾消失。

木星所擁有的衛星數量不下於土星，至今已確認的衛星多達80顆。

現在，探測器朱諾號（Juno）正在環繞木星北極和南極上空的繞極軌道上運行，進行詳細的觀測。圖為朱諾號拍攝的南極影像。在這幅影像中看到的木星樣貌，和以往熟悉的、從側面看到的條紋圖案大不相同。許許多多的旋渦宛如直徑超過1000公里的大颱風。此外，根據朱諾號的觀測，木星的核心可能遠比先前所預想的大上許多，而且其上層為柔軟的狀態。

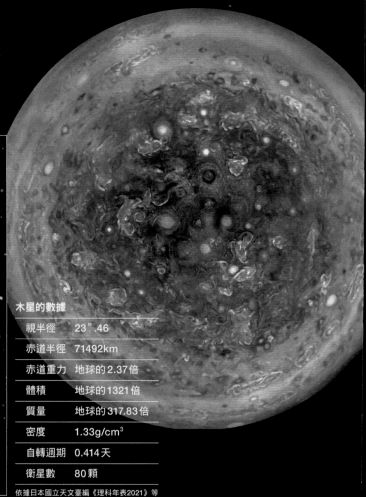

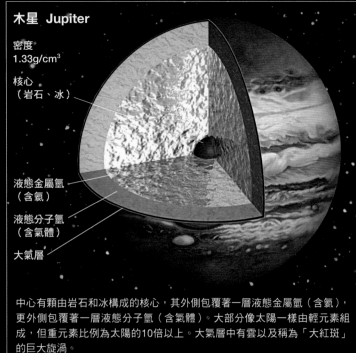

木星 Jupiter

密度
1.33g/cm³

核心
（岩石、冰）

液態金屬氫
（含氦）

液態分子氫
（含氣體）

大氣層

中心有顆由岩石和冰構成的核心，其外側包覆著一層液態金屬氫（含氦），更外側包覆著一層液態分子氫（含氣體）。大部分像太陽一樣由輕元素組成，但重元素比例為太陽的10倍以上。大氣層中有雲以及稱為「大紅斑」的巨大旋渦。

木星的數據

視半徑	23".46
赤道半徑	71492km
赤道重力	地球的2.37倍
體積	地球的1321倍
質量	地球的317.83倍
密度	1.33g/cm³
自轉週期	0.414天
衛星數	80顆

依據日本國立天文臺編《理科年表2021》等

可以看到活躍火山活動的
木星第1號衛星

「木衛一」是木星的第1號衛星，也是伽利略最初發現的木星4大衛星之一。在距離木星中心約42萬1800公里處公轉，公轉週期約1.8天。半徑1821公里，大小和月球差不多。亮度為5等。以岩石為主體構成。

木衛一有活躍的火山活動。目前已經觀測其中幾座活火山，噴煙往上噴到200公里的高空。噴出的鈉雲和鈣雲擴散至軌道上，從地球上也能觀測到。由於這些噴出物覆蓋了整個表面，導致木衛一表面沒有在其他行星及衛星上經常會看到的隕石坑。

活動源可能是木星及其他3顆大衛星的強大潮汐力導致其內部產生的熱能。降積在地表的硫及其化合物冷卻後會變色成黃色及紅色，使得木衛一顯現出明亮的光輝。

1995年，探測器伽利略號（Galileo）投入木星的環繞軌道，在木衛一觀測到從火山竄上來的噴煙、可能是火山爆發湧出的火山碎屑流在最近形成的高溫堆積物，以及昔日的火山活動痕跡等等，令研究者為之震驚。

地底下有液態水的
木星第2號衛星

「木衛二」是木星的第2號衛星，也是伽利略衛星之一。在距離木星中心約67萬1130公里處公轉，公轉週期約3.55天。半徑1562公里，比月球稍微小一點。亮度為5等。主體為岩石。

表層覆蓋著厚度至少3公里的冰，可能是由於木星潮汐力而產生的熱把內部的水壓到地表上來，並凍結成冰的產物。

其表面分布著無數的深色條紋圖案及裂縫，可能是其下層的岩石及氣體從冰的裂縫噴出，才造成這樣的地形。白天的地表溫度約−130℃。隕石坑不多。根據測定的結果，地表的年代只有數百年而已。原因可能是地殼變動把隕石坑填埋了，這也表示時至今日應該仍在持續活動中。

科學家認為木衛二的地下可能有液態水存在。如果真的有液態水，就可能有生命存在。根據最近哈伯太空望遠鏡及探測器伽利略號的觀測，發現了木衛二的冰層裂縫噴出水蒸氣的證據。

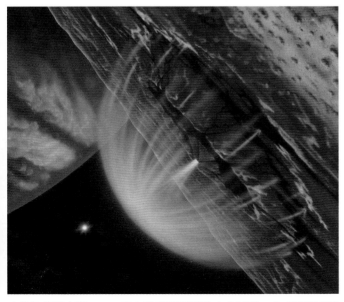

木星的衛星木衛一。一直在進行著活躍的火山活動。火山不斷噴出硫，噴出的高度有時可達200公里以上。降積在地表的硫冷卻後會變成黃色或紅色。木衛一頻繁地發生火山活動，可能是木星與其他3顆大衛星的潮汐力所致。

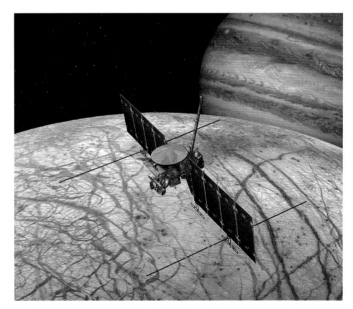

NASA和ESA正在聯手推行一項計畫——派遣探測器前往一直被認為有生命存在的木衛二。預定在2020年代發射探測器，然後依序調查木衛二地表的冰及地表下的海。

擁有美麗星環的氣體巨行星

「土星」（Saturn）和木星同為氣體巨行星，內部構造也和木星極為相似，中央的核心由岩石和冰構成，核心的外側有液態金屬氫和氦構成的地函，再外層是含有若干氦的液態分子氫。半徑約6萬300公里，質量為地球的95倍左右，是太陽系僅次於木星的第二大行星。

談到土星，令人印象最深的當屬美麗的土星環，其模樣使土星在眾多行星中獨樹一幟。不只土星有環，木星、天王星、海王星也都有環，但土星環的大小無出其右。寬度超過20萬公里，達到土星半徑的3倍以上。然而，厚度卻只有數十至數百公尺。環的主要成分是冰粒子。

包覆著大氣的雲不斷變化，因而在土星表面形成條紋圖案。相較於木星表面的條紋圖案，土星的條紋圖案看似變化不大。其中最具特色的是名為「大白斑」（Great White Spot）的白色旋渦圖案。木星上的大紅斑歷經300年以上未曾消失過，與之相對地，大白斑數週到數個月就會消失。

再來看看極區的部分，土星的南極和北極都會發生極光。極光的厚度從最上層的雲往上達到1600公里以上的地方。極光的幕簾式光帶搖曳飄動，變幻莫測而豔彩瑰麗。

土星會發生極光，是因為土星的磁場和太陽吹來的太陽風發生交互作用的緣故。土星的磁場很強，約為地球的600倍。之所以擁有如此強大的磁場，可能是因為占土星半徑60%左右的地函非常厚大，而且其活動也非常活躍的緣故。

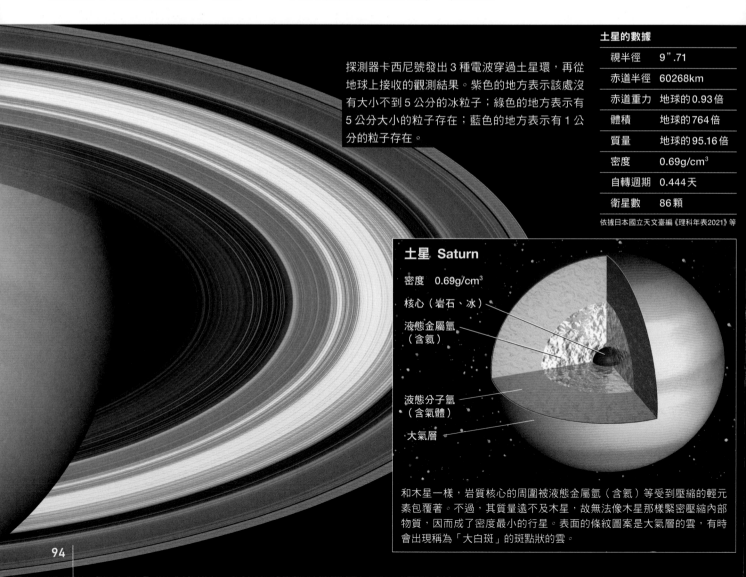

探測器卡西尼號發出3種電波穿過土星環，再從地球上接收的觀測結果。紫色的地方表示該處沒有大小不到5公分的冰粒子；綠色的地方表示有5公分大小的粒子存在；藍的地方表示有1公分的粒子存在。

土星的數據

視半徑	9".71
赤道半徑	60268km
赤道重力	地球的0.93倍
體積	地球的764倍
質量	地球的95.16倍
密度	0.69g/cm³
自轉週期	0.444天
衛星數	86顆

依據日本國立天文臺編《理科年表2021》等

土星 Saturn

密度 0.69g/cm³

核心（岩石、冰）

液態金屬氫（含氦）

液態分子氫（含氣體）

大氣層

和木星一樣，岩質核心的周圍被液態金屬氫（含氦）等受到壓縮的輕元素包覆著。不過，其質量遠不及木星，故無法像木星那樣緊密壓縮內部物質，因而成了密度最小的行星。表面的條紋圖案是大氣層的雲，有時會出現稱為「大白斑」的斑點狀的雲。

擁有液態湖的土星最大的第6號衛星

「土衛六」是土星最大的衛星，繼四個伽利略衛星之後被發現。在距離土星中心約122萬1630公里處公轉，公轉週期約15.9天。半徑2575公里，在土星的衛星之中顯得特別巨大，和水星不相上下。亮度為8等。

土衛六的特徵是非常厚的大氣。地表的氣壓為1.5大氣壓，亦即大氣濃度為地球的1.5倍。大氣的主要成分和地球一樣都是氮（97%），其餘成分中也驗出了甲烷（2%）和乙炔、乙烷等有機物。地表的溫度為－180℃。

因為土衛六被厚雲包覆著，所以表面的狀態是一個謎團，但那裡可能有甲烷海和甲烷雲。2005年，為了紀念土衛六發現者而命名的探測器惠更斯號（Huygens）著陸於土衛六的地表進行觀測，對觀測結果進行分析後，可知土衛六的地表似乎一直在下著甲烷的毛毛雨。

根據2006年探測器卡西尼號進行雷達觀測的結果，在土衛六的地表發現了許多類似湖泊的地形。推測這些可能是液態甲烷或乙烷的湖。土衛六是一個非常寒冷的衛星，但也是有生命存在的可能性。

土衛六是太陽系中唯一擁有濃厚大氣的衛星。大氣的主要成分是氮，也含有甲烷及微量的有機氣體。由於大氣濃厚使其表面模樣充滿未知，但根據探測器的雷達觀測等，可知那裡下著甲烷的毛毛雨，且擁有液態甲烷和乙烷的湖。

被冰覆蓋且地下有水的衛星

「土衛二」是土星的第2號衛星，1789年由赫歇爾發現。在距離土星中心約23萬8020公里處公轉，公轉週期約33小時。半徑約252公里，只是一顆小衛星，但由於在土星的附近公轉而受到強大潮汐作用影響，所以內部被加熱、可能有液態水存在。

土衛二之所以受到世人的關注，原因在於探測器卡西尼號攝得的土衛二影像。影像中可以看到土衛二的南極附近有許多類似冰裂的地形，在這些裂縫裡發現了間歇泉。

卡西尼號之前發現土衛二擁有微量的大氣。這些大氣有可能是水蒸氣，但土衛二的重力很弱，水蒸氣應該會立刻飛散到宇宙空間才對，因此很有可能是地底下的間歇泉在不斷地供應水蒸氣。

土衛二的地底下具備了水、熱、有機物，因此生命存在的可能性很高。

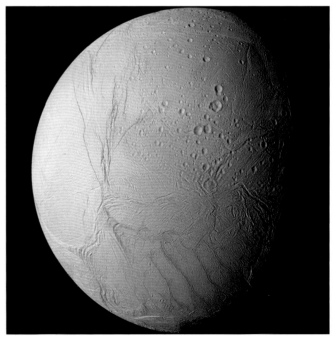

探測器卡西尼號拍攝的土衛二影像。土衛二被冰層覆蓋著，受到土星潮汐作用影響導致其內部被加熱，可能有液態水存在。因此，和木星的第2號衛星木衛二一樣，內部可能有生命體存在。

自轉軸幾乎平躺在公轉面上的行星

「天王星」（Uranus）是太陽系第7號行星，1781年由赫歇爾發現。是太陽系中僅次於木星和土星的第三大行星。木星和土星都是氣體巨行星，天王星和海王星則屬於冰質巨行星。自轉軸傾斜多達98°，因此是以橫躺的模樣在公轉，為其一大特徵。從地球上看去，有時會看到北極、有時會看到南極。最大亮度5.3等，因此在最接近時單憑肉眼就能看到。在赫歇爾之前的年代，人們並未察覺天王星是顆行星，因而留下了將之視為恆星進行觀察的紀錄。

王星的自轉軸為什麼會傾倒呢？目前比較有力的說法是，在天王星形成的初期階段曾經發生大規模碰撞所致，但真正的原因依舊不明。

天王星是個表面溫度−220℃的酷寒世界。大氣的主要成分是氫（約83%），其他成分還有氦（約15%）及甲烷（約2%）。木星和土星的大氣都有檢出氨，天王星則否，可能是因為凍結的緣故。

根據推測，其內部可能有氨及甲烷混合的冰所構成的地函，以及岩質核心。

天王星有13道環，每道環的寬度都是十幾公里，相較於木星環的數百公里可謂非常纖細。而且天王星的環都非常暗淡，可能是組成環的甲烷等物質受到放射線照射而變黑所致。

包括半徑數十公里的微小衛星在內，天王星總共有27顆衛星。衛星的軌道面位於天王星的赤道上，皆以橫躺的狀態運行。

天王星的自轉軸變成橫躺的過程

在行星形成的初期，大規模的碰撞可能經常發生。月球是因為地球被火星大小的天體撞擊而形成，是近年來相當有力的假說。另一方面，也有人主張是因為行星大小的天體撞到天王星偏離中心的地方，才使得天王星的自轉軸相對於黃道面傾斜98°（右圖）。

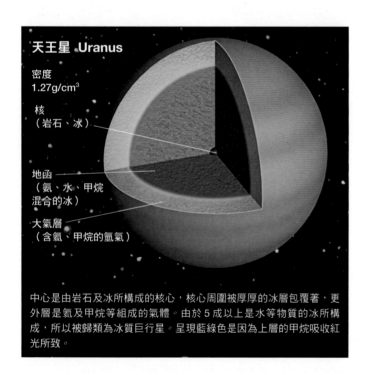

天王星 Uranus

密度
1.27g/cm³

核
（岩石、冰）

地函
（氨、水、甲烷混合的冰）

大氣層
（含氨、甲烷的氫氣）

中心是由岩石及冰所構成的核心，核心周圍被厚厚的冰層包覆著，更外層是氫及甲烷等組成的氣體。由於5成以上是水等物質的冰所構成，所以被歸類為冰質巨行星。呈現藍綠色是因為上層的甲烷吸收紅光所致。

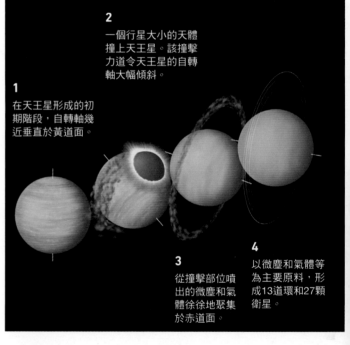

2
一個行星大小的天體撞上天王星。該撞擊力道令天王星的自轉軸大幅傾斜。

1
在天王星形成的初期階段，自轉軸幾近垂直於黃道面。

3
從撞擊部位噴出的微塵和氣體徐徐地聚集於赤道面。

4
以微塵和氣體等為主要原料，形成13道環和27顆衛星。

天王星的數據

視半徑	1".93	質量	地球的14.54倍
赤道半徑	25559km	密度	1.27g/cm³
赤道重力	地球的0.89倍	自轉週期	0.718天
體積	地球的63倍	衛星數	27顆

依據日本國立天文臺編《理科年表2021》等

在太陽系最外側公轉的行星

「海王星」（Neptune）是太陽系的第8號行星，也是太陽系行星當中，在離太陽最遠的地方公轉的行星。天王星被發現之後，有人指出其軌道有些不合規律的地方，可能是在其外側還有未知的行星所致，英國、法國天文學家因此預測了海王星的存在。1846年，德國天文學家加勒（Johann Galle，1812～1910）在十分接近預測的位置發現了海王星。由於大氣中的甲烷吸收了紅光，因此海王星呈現藍綠色。最大亮度7.8等，單靠肉眼無法看到。

海王星的大氣層以80公里的高度為界，其下為對流層、其上為平流層。對流層含有甲烷及硫化氫的雲。大氣的主要成分是氫（約80%）和氦（約19%），其他還有甲烷（約1.5%）等氫化合物。

南半球有類似木星大紅斑的「大暗斑」（Great Dark Spot），這是航海家2號於1989年觀測到的高氣壓大旋渦。大暗斑的附近吹颳著強勁的西風。這些大氣活動可能和其他類木行星一樣，是內部釋出的熱所造成。不過，在1994年使用哈伯太空望遠鏡進行觀測時，大暗斑消失了。

內部構造與天王星極為相似，由冰地函和岩質核心構成。5道細環也和天王星相似，偏黑色。

目前確認海王星總共擁有14顆衛星。最大的衛星海衛一（Triton）擁有稀薄的大氣，表面平坦，由於甲烷冰而泛著淡淡的粉色。

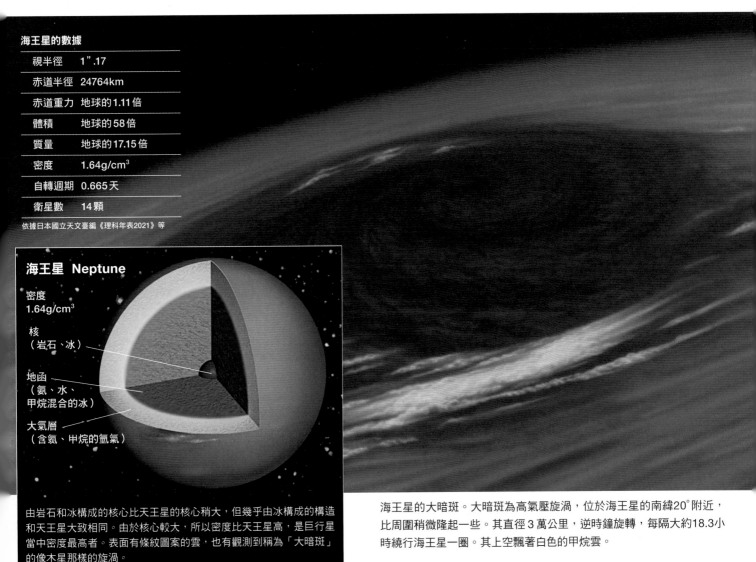

海王星的數據

視半徑	1".17
赤道半徑	24764km
赤道重力	地球的1.11倍
體積	地球的58倍
質量	地球的17.15倍
密度	1.64g/cm³
自轉週期	0.665天
衛星數	14顆

依據日本國立天文臺編《理科年表2021》等

海王星 Neptune

密度
1.64g/cm³

核
（岩石、冰）

地函
（氨、水、
甲烷混合的冰）

大氣層
（含氨、甲烷的氫氣）

由岩石和冰構成的核心比天王星的核心稍大，但幾乎由冰構成的構造和天王星大致相同。由於核心較大，所以密度比天王星高，是巨行星當中密度最高者。表面有條紋圖案的雲，也有觀測到稱為「大暗斑」的像木星那樣的旋渦。

海王星的大暗斑。大暗斑為高氣壓旋渦，位於海王星的南緯20°附近，比周圍稍微隆起一些。其直徑3萬公里，逆時鐘旋轉，每隔大約18.3小時繞行海王星一圈。其上空飄著白色的甲烷雲。

改列為「矮行星」的原第 9 號行星

自「冥王星」（Pluto）被發現之後，有很長一段時間人們視其為太陽系中離太陽最遠的行星。但是到了2006年，依據新制訂的行星定義，便將冥王星分類至新成立的類別「矮行星」（dwarf planet）。

太陽到冥王星的平均距離長達約59億公里。其半徑約1188公里，只有月球的3分之2左右。

冥王星表面溫度為－230℃～－210℃，大氣主要成分為氮。在比木星更遠的軌道上運行的行星全都被濃厚大氣包覆著，不過冥王星的大氣卻相當稀薄，大氣壓只有地球的10萬分之1。此外，可能有氮、甲烷、氨、一氧化碳等物質凝結成固體，像霜一樣地降積在表面。

核心為岩質，外側被厚厚的水冰層包覆著，這種構造也和太陽系的其他行星大不相同。

此外，冥王星的公轉軌道呈極端的橢圓形，而且軌道面也是傾斜的。

這樣的冥王星和其他八顆行星迥然不同，因此早在改列為矮行星之前，就有不少人質疑它到底算不算行星。

探測器新視野號拍攝的冥王星清晰全景。中央稍偏下方有一片心形地形為其特徵。這個地形可能是由氮冰所造成的冰原。從地球上觀測，只能單純地辨識出一片明亮的區域。

在海王星外側，與冥王星極為類似的矮行星

環繞太陽公轉的行星以外的天體中，具有足夠質量而能憑藉本身重力成為球形的天體，就稱為「矮行星」。2006年，國際天文學聯合會（IAU）在定義「行星」的時候，增設了新的天體類別「矮行星」。根據這個定義，以往列為第9號行星的冥王星改成歸類為矮行星。

截至目前為止，列為矮行星的天體有冥王星、鬩神星（Eris）、穀神星、鳥神星（Makemake）、妊神星（Haumea）這五顆。由於矮行星未能清除其軌道周邊的其他天體，所以在軌道附近或許會有相同大小的天體存在。

與太陽的距離比海王星更遠的矮行星，也包含在海王星外天體之中。其代表性天體就是冥王星，所以這些矮行星也稱為「冥王星型天體」或「類冥天體」（plutoid）。除了位於小行星帶的穀神星之外，其餘四顆矮行星都是類冥天體。隨著今後觀測技術的進步，這類矮行星應該會越來越多。

矮行星是能夠藉由本身重量成為幾近球形的天體。從這一點來考量的話，凡是由岩石構成的天體，只要大致上質量為地球的1萬分之1或直徑為800公里以上，都有可能被認定為矮行星。此外，冥王星的衛星冥衛一（Charon）是衛星，所以並不算是矮行星。

被歸類於矮行星的天體有「冥王星」、「鬩神星」、「穀神星」、「鳥神星」、「妊神星」共五顆。其中，穀神星位於小行星帶，其餘四顆為海王星外天體。這四顆稱為「類冥天體」。下方介紹各顆類冥天體的影像及其特徵。

冥王星－*Pluto*
直徑：2377 km（約為地球的0.19倍）

擁有巨大衛星的原行星
和八顆行星不同，擁有嚴重傾斜的橢圓形軌道。距離太陽最近時（近日點）約44億公里，最遠時（遠日點）約74億公里。擁有冥衛一、冥衛二（Nix）、冥衛三（Hydra）等衛星。冥衛一的直徑約1200公里，大小為冥王星的一半。冥衛一和冥王星始終以相同的面朝向對方，以6天左右的週期互相繞轉運行。

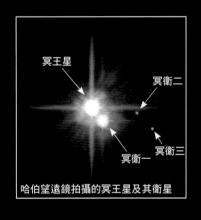

冥王星 / 冥衛二 / 冥衛一 / 冥衛三

哈伯望遠鏡拍攝的冥王星及其衛星

鬩神星－*Eris*
直徑：2400 km（約為地球的0.19倍）

促使制訂行星定義的天體
2003年發現的矮行星。與太陽的距離在近日點約57億公里，在遠日點約146億公里。由於比冥王星還要大，促使天文學界重新思考行星的定義，而在2006年訂定了行星的定義。

鳥神星－*Makemake*
直徑：1400 km（約為地球的0.13倍）

被紅冰包覆的天體
2005年發現的矮行星。大致呈球形，與太陽的距離在近日點約57億公里，在遠日點約79億公里。表面偏紅，可能是被甲烷冰包覆著。Makemake（馬奇馬奇）是在南美洲智利外海復活節島神話中出現的神祇名字。

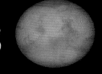

妊神星－*Haumea*
大小：990×1540×1920 km（約為地球的0.078倍）

高速旋轉的橄欖球
2004年發現的矮行星。4小時自轉一圈，速度非常快，可能是因為這樣而朝赤道方向拉長，成為橢圓形。與太陽的距離在近日點約52億公里，在遠日點約77億公里。

太陽系中位於海王星外側的天體

在比海王星更外側的區域也發現了許多小天體，稱為「太陽系外緣天體」或「海王星外天體」（trans-Neptunian object）。

天文學家艾吉沃斯（Kenneth Edgeworth，1880～1972）、古柏（Gerard Kuiper，1905～1973）分別於1943年與1951年，預測了在太陽系外緣有無數個以冰為主要成分的天體分布於帶狀區域，稱為艾吉沃斯-古柏帶（Edgeworth-Kuiper belt）。1992年，在比海王星更外側且在冥王星軌道的範圍內首度發現了小天體，其後又陸陸續續在該區域發現了許多小天體。包括尚未釐清軌道的小天體在內，截至

目前已經發現了大約4400個海王星外天體。

艾吉沃斯-古柏帶分布的區域是在距離太陽約30～50天文單位的範圍（不過「賽德娜」（Sedna）等幾個小天體的軌道最遠會與太陽相距約1000天文單位）。在比50天文單位更遠的區域，很少發現海王星外天體的存在，其原因迄今仍是個謎。

在艾吉沃斯-古柏帶外側非常遙遠的1萬～10萬天文單位的區域，有一個「歐特雲」像球殼一樣包覆著太陽系。歐特雲中分布著許多由冰和岩構成的小天體，這裡可能是許多彗星的巢穴。

以往一直認為冥王星是顆行

星，但隨著觀測技術的進步，漸漸地開始有人懷疑，與其將之列為行星是否更應該改列為海王星外天體。

直到2003年，發現了比冥王星稍大的海王星外天體「鬩神星」（半徑1200公里），才促使天文學界定義冥王星是和鬩神星一樣的矮行星而非行星。

然而，這些海王星外天體究竟是如何形成的呢？根據太陽系的行星形成模型，距離太陽越遠的地方，必須花費越多的時間才能形成行星。也就是說，海王星外天體極有可能是在成長為行星之前，所需的原料已經沒有了而停止成長的天體。

艾吉沃斯-古柏帶

位於海王星外側30～50天文單位的「艾吉沃斯-古柏帶」中有許多彗星存在（圖右）。在這個地方陸續發現了直徑約1000公里級的天體。艾吉沃斯-古柏帶可能是短週期彗星的起源地。

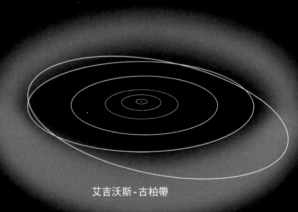

艾吉沃斯-古柏帶

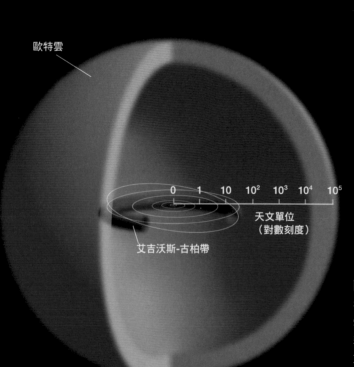

歐特雲

艾吉沃斯-古柏帶

0　1　10　10²　10³　10⁴　10⁵

天文單位
（對數刻度）

艾吉沃斯-古柏帶

歐特雲

在距離太陽約1萬～10萬天文單位的地方，可能有一個稱為「歐特雲」的彗星巢穴。彗星是以冰為主要成分的小天體，過去以為這些彗星是連續分布於太陽到歐特雲之間，但最近的觀測顯示，在50天文單位以外很少發現小天體的存在，因此懷疑太陽和歐持雲並沒有藉由這些小天體串連起來。歐特雲可能是長週期彗星的起源地。

接近太陽時就會拉出尾巴的小天體

「彗星」（comet）是太陽系內的小天體，由含有微塵粒子的冰所構成，只有在接近太陽的時候會形成稱為「彗髮」（coma）的大氣層，並且拉出長尾巴。

彗星的軌道和行星迥然不同。已經確認軌道的彗星，有一半為橢圓軌道或拋物線軌道，但也有一些是雙曲線軌道。

公轉週期的幅度也很大，週期最短的恩克彗星（Encke）為3.3年，但週期最長的彗星則長達數千至數萬年。此外，很多彗星的軌道面有很大的傾斜度；也有一些彗星像哈雷彗星（Halley）一樣，公轉方向和行星相反。

彗星的本體稱為「彗核」（cometary nucleus），平均直徑估計為數公里。彗星在一個週期的絕大部分時間都處於只有彗核的狀態，但是接近太陽時會被太陽加熱，令彗核的冰昇華、形成含有微塵粒子的彗髮。

有些彗星會從彗髮朝著與太陽相反的方向拉出尾巴。尾巴通常有2種：一種是藍白色的「離子尾」（ion tail），另一種是帶黃色的「微塵尾」（dust tail）。1997年的海爾-博普彗星（Hale-Bopp）則發現了「鈉尾」。

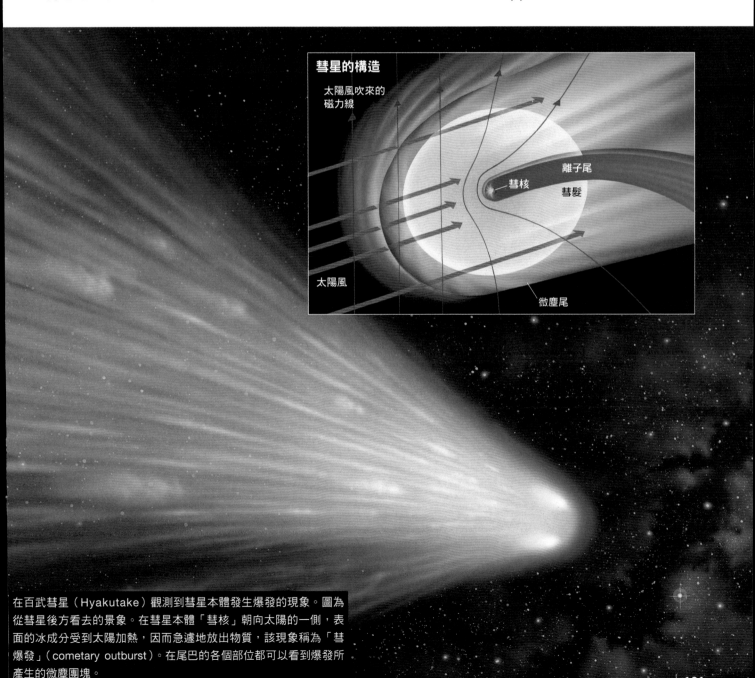

彗星的構造

太陽風吹來的磁力線

離子尾

彗核

彗髮

太陽風

微塵尾

在百武彗星（Hyakutake）觀測到彗星本體發生爆發的現象。圖為從彗星後方看去的景象。在彗星本體「彗核」朝向太陽的一側，表面的冰成分受到太陽加熱，因而急遽地放出物質，該現象稱為「彗爆發」（cometary outburst）。在尾巴的各個部位都可以看到爆發所產生的微塵團塊。

在地球大氣中燃盡的
微小天體或固體粒子

所謂的「流星」（meteor），是指太陽系內的微小天體或固體粒子衝入地球大氣層，因摩擦生熱而發光的現象。

流星的來源物質大小不一，小的不到0.1毫米，大的有數公分，平均質量為1公克以下。在大約150～100公里的高空發光，70～50公里的高空消滅。飛入地球大氣的量1天多達數十公噸。

每年定期出現的流星稱為「流星群」（meteor stream）。從地表上觀測時，彷彿一群流星從天球的一個點（放射點）呈放射狀飛過來。依據放射點所在的星座或其鄰近的恆星，命名為「獅子座流星群」、「天鵝座流星群」等等。

流星群來自同一個母天體（彗星等），有些是接近太陽的彗星所放出的微塵粒子，有些是彗星破裂而飛散出來的物質。這些粒子或碎片大量散布在母天體的軌道附近，彷彿追隨母天體繞著太陽公轉。當地球跨越其軌道時，便會發生流星群的現象。在母天體接近地球的前後時期，流星群有數量增加的傾向。

未燃盡而墜落地面
的小天體

從行星際空間墜往地球的彗星、小行星或行星的碎片，大部分會在大氣層完全燃燒而成為流星。不過，也有一些未燃盡就墜落地面的便成為「隕石」（meteorolite）。隕石可根據組成分為3類：以岩石為主體的「石質隕石」（stony meteorite）、以鐵為主體的「鐵質隕石」（iron meteorite）、鐵和岩石混合而成的「石鐵隕石」（stony-iron meteorite）。世界最大的隕石是在非洲西南部發現的「霍巴隕石」（Hoba meteorite），重量60公噸。根據估計，重100公克以上的隕石全球每年會墜落2萬個以上，但實際發現的數量寥寥無幾。

隕石含有母天體的核心及地函中的物質，這些可以說是刻劃著太陽系初期歷史的化石。此外，也發現了來自火星的隕石，那是受到小行星撞擊而從火星表面飛來的岩石。巨大的隕石墜落會產生隕石坑，不過地球上的隕石坑大多因為地殼變動及風化作用消失了。

大約6550萬年前的恐龍大滅絕，可能就是巨大隕石的撞擊所致。日本是世界少數保有隕石的國家。絕大多數隕石是由南極觀測隊收集而來，目前有大約1萬7000個隕石放在日本國立極地研究所保管及進行研究。

圖為直徑10公里左右的隕石即將撞上地球的想像圖。約6550萬年前的恐龍大滅絕，極有可能是直徑10公里左右的隕石撞擊所造成。

圖為獅子座流星群活躍出現時的想像圖。流星群以獅子座的一個點（放射點）為中心呈放射狀飛過來。觀察流星群並不需要特別的器材。不過，如果想要觀察流星痕（meteor streak，圖右中央），使用雙筒望遠鏡比較方便。

太陽系的行星存在的空間區域

太陽系的行星存在的空間區域稱為「行星際空間」（interplanetary space）。在距離太陽3天文單位以內的範圍，也有大量的固體微粒子「行星際微塵」（interplanetary dust）存在。行星際微塵的大小以0.1毫米以下者為最多，密度為每100立方公尺的空間有1個左右。

了解行星際空間，尤其是地球周邊的空間，是非常重要的事。因此，至今已發射了多架行星際空間探測器。

在日落後及日出前從地球看向地平線，可以看到沿著黃道出現淡淡的光帶「黃道光」（zodiacal light），這是行星際微塵散射陽光所發生的現象。行星際微塵順著旋渦狀軌道逐漸接近太陽，最後落入太陽。

從太陽日冕放出的電漿流「太陽風」以超音速不斷在行星際空間吹颭。如果太陽表面發生爆炸（日焰），就會有部分太陽風增強並成為震波傳送出去。結果，在地球上引發了極光和磁暴。

行星際空間雖然幾近真空，但仍有微量的氫、氦氣體存在，藉由紫外線而發出亮光，稱為「行星際光輝」（interplanetary glow）。這些原子可能是從太陽系外面侵入的物質。

太陽系的範圍延伸到何處？

「艾吉沃斯-古柏帶」分布在海王星的外側，距離太陽約30～50天文單位的區域，但是這裡並非太陽系的盡頭。

從太陽放出的電漿流「太陽風」會吹到距離太陽約100天文單位的地方，該區域稱為「太陽圈」（heliosphere）。太陽系在銀河系的星際空間移動，而太陽圈發揮如同磁場護罩般的作用，保衛著太陽系。

於大型行星的觀測貢獻良多的航海家1號、2號，於1994年偵測到了可能是從太陽圈的邊界「日球層頂」（heliopause）傳來的電波，因而確認了其存在。航海家1號於2004年抵達太陽圈前方的「終端震波面」（termination shock），隨後航海家2號於2007年抵達。終端震波面是指太陽風與星際風碰撞，而在碰撞面內側形成的震波面。從太陽放射出來的太陽風，在此處由於和星際物質發生交互作用而開始減速。比較航海家1號和2號的數據後，可知往南飛的2號抵達的距離比較短，這意謂著太陽圈並非南北對稱。航海家1號於2012年飛出太陽圈外側，2號則於2018年飛出。

從這裡再往外1萬～10萬天文單位的地方，有分布成球殼狀的「歐特雲」。這裡便是目前人類所知的太陽系的盡頭。

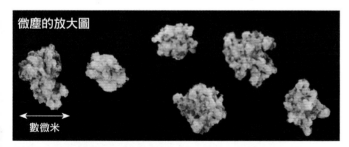

黃道光其實是宇宙空間的微塵把光散射的現象

在太陽系中，微塵散布在一個與行星公轉面平行的圓盤上。微塵是大小只有數微米（1微米＝100萬分之1公尺）的岩粒，可能來自彗星或小行星。這些微塵散射陽光，成為在剛日落後和即將日出前從地面上看到的「黃道光」。

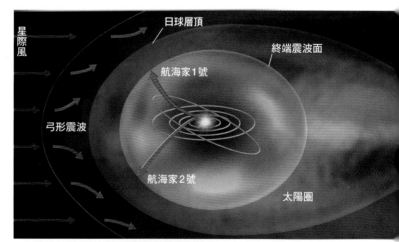

脫離太陽圈的航海家1號和2號

太陽風製造的巨大磁層稱為太陽圈，可能擴及距離太陽約100天文單位遠。探測器航海家號飛越了太陽風與星際風的交界處（日球層頂）前方的「終端震波面」，航海家1號於2012年飛出太陽圈，航海家2號於2018年飛出。

環繞太陽以外的恆星公轉的行星

「系外行星」（exoplanet）是指存在於太陽系之外的行星。一直以來天文學家始終認為，在太陽以外的恆星之中，應該也會有一些恆星擁有自己的行星系。於是便持續不斷地進行詳細的觀測，但由於行星本身並不發光，所以想要找到它們的蹤影並不是一件容易的事。直到1995年，才第一次發現系外行星。在距離太陽約50光年的飛馬座51號星（51 Pegasi）發現的飛馬座51b，是一顆如同木星那樣的巨大行星，距離主星僅僅0.05au（1au為太陽到地球的平均距離＝1天文單位，約1億5000萬公里），公轉週期約4天。

像這樣在貼近中心恆星的地方公轉的類木行星，因為距離中心恆星很近，推測應該是處於高溫狀態，所以稱為「熱木星」（hot Jupiter）。

在這之前，人們認為太陽系以外的行星系也和太陽系一樣，像木星這類大型氣態行星是在離恆星較遠的外側公轉，但是飛馬座51b的發現推翻了這個想法。它雖然是顆巨大的氣態行星，卻在距離飛馬座51號星僅僅0.05au的地方公轉。這個距離比太陽到水星的距離還要短，這表示以往的行星形成理論顯然必須加以修正才行。

因為相對容易觀測，所以熱木星先被發現，但隨著觀測技術的進步，也陸續發現了更小型的行星（地球的數倍程度）──「超級地球」（super-Earth）。超級地球可能類似以岩石為主要成分的類地行星。如今，隨著觀測技術更加精進，也開始發現質量和地球差不多的行星。

在系外行星的發現上貢獻良多的，是2009年發射升空的克卜勒太空望遠鏡（第164頁）。目前已經發現的系外行星，數量超過5000顆。

在系外行星的觀測上，大小更接近地球的行星是否位於能夠保有液態水的適居帶（habitable zone），是一件非常令人關心的大事。根據至今為止的觀測資料結果，可以得到一個結論：夜空所見的恆星之中，可能有65%左右擁有這樣的系外行星。

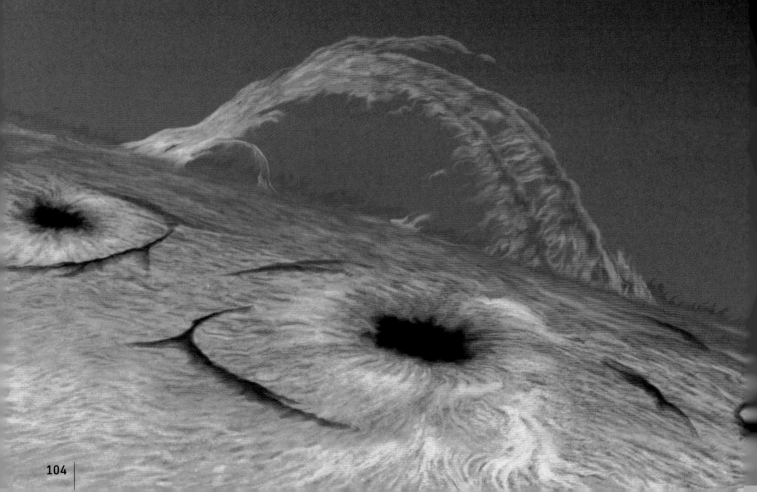

熱木星

貼近主星公轉的巨大行星「熱木星」的想像圖。
可能因為非常接近主星，導致表面的雲被蒸發、
露出氣體團塊的部分。此外，也有可能產生非常
高速的氣流，從朝向主星的一側吹向背側。表面
呈現什麼顏色等細節，目前尚不得而知。

水星的軌道

飛馬座51b的軌道

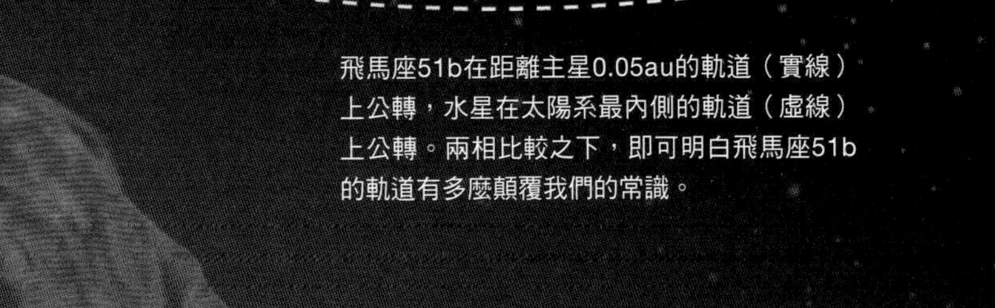

飛馬座51b在距離主星0.05au的軌道（實線）
上公轉，水星在太陽系最內側的軌道（虛線）
上公轉。兩相比較之下，即可明白飛馬座51b
的軌道有多麼顛覆我們的常識。

搜尋行星橫越恆星前方之際的減光

如今，人們正在積極進行各種觀測，企圖發現系外行星。在這之中，最熱門的觀測對象就是尋找與地球相似的行星。由於系外行星本身不會發光，所以很難使用望遠鏡直接觀測，為此相應而生的便是「凌日法」（transit photometry）。

凌日法是使用2009年發射的克卜勒太空望遠鏡（第164頁）採取的方法。「凌」即「通過」之意，這個方法就是觀測行星通過恆星前方時發生的現象（食）。

太陽以外的恆星，從地球上看去只是一個點。當發生食的時候，行星把恆星遮住一部分，所以我們看到的恆星亮度會減弱，稱為減光。若能知道這個減光率，便能知道恆星被行星遮住了多少。如果知道恆星的大小，便能進一步推算行星的直徑。

凌日法的原理很簡單，卻也因為主星的減光率極小，所以觀測上十分困難。而且，系外行星必須在從地球上能夠看到的方向通過恆星前方才行。因此，我們無法利用凌日法找到所有的系外行星，不過它仍是最有效的方法。

搜尋行星與恆星「日食」的「凌日法」

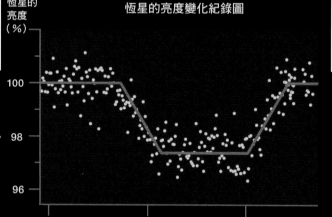

恆星的亮度變化紀錄圖

恆星的亮度（％）

橫軸的刻度單位為 1 小時

行星與恆星的「日食」想像圖

恆星

行星

上方圖表為恆星的亮度變化觀測紀錄，有偵測到恆星的減光。黃點是每隔40秒測量的恆星亮度。光在通過地球大氣時會受到干擾，導致黃點的分布上下跳動。但是，觀察整體的傾向，可知發生了減光。橙線表示假設光沒有受到干擾的狀況下，減光率的變化。（日本東京工業大學佐藤文衛副教授提供）

上圖為行星通過恆星前方（凌）的場景想像圖。太陽以外的恆星，從地球上看去只是一個點光源。因此，如果從地球上觀測恆星的「日食」，並無法看到行星的影子，只會看到恆星的亮度減弱了（減光）。減光較大時，行星遮住恆星影子的面積較大；減光較小時，行星遮住恆星影子的面積較小。可依此推算行星的直徑。

觀測所

搜尋被行星擾動的恆星的光波長變化

搜尋系外行星的另一種有力觀測方法是「徑向速度法」（radial velocity method），或稱為「都卜勒偏移法」（Doppler shift method）。這個方法是觀測恆星的光的波長變化，藉此間接地發現在其周圍繞轉的行星。

如果恆星有行星在環繞它公轉，則恆星也會繞著共同質量中心做著宛如公轉的運動。此時，由於恆星的徑向速度在變化，會導致顏色跟著變化，反覆地時而呈現紅色、時而呈現藍色。當恆星遠離地球而去時，恆星的光的波長會拉長而呈現紅色；朝地球接近時，則會縮短而呈現藍色。

這種現象稱為「都卜勒效應」（Doppler effect）或「都卜勒偏移」（Doppler shift）。其原理等同於救護車的警笛聲在接近時會變高（波長縮短），在遠離時會變低（波長拉長）。恆星的運動速度越大，顏色的變化越大。

如果有望遠鏡看不到的天體藉由重力使得恆星移動，也會發生這種恆星顏色的變化。這種看不到的天體就是行星。如果知道恆星的質量和運動（速度與週期），便能得知該行星的質量和運動。

以太陽為例，由於受到木星的引力拉扯，而以秒速約13公尺的速度每12年左右（木星的公轉週期）繞著半徑0.005au的圓轉一圈。這種恆星的晃動，使恆星傳來的光發生了都卜勒偏移。

越重的行星、軌道半徑越短的行星，恆星的晃動速度越大，所以熱木星比較容易被發現。但若想發現軌道半徑較長的行星及較輕的行星，就現在的觀測精確度而言仍相當困難。

發現系外行星的方法

觀測系外行星的代表性方法有徑向速度法和凌日法。底圖所示為徑向速度法，左頁圖所示為凌日法的原理。

搜尋恆星「移動」的「徑向速度法」

光源遠離而去時，光的波長會拉長；相反地，光源接近而來時，光的波長會縮短。擁有行星的恆星相對於地球時，會時而稍微遠離、時而稍微接近，所以從恆星傳來的光的波長會週期性地拉長、縮短。只要偵測波長的變動，便有可能檢測行星的存在。

在紅矮星旁發現的七顆系外行星

　　在距離太陽系約22光年的地方，發現了恆星「葛利斯667」（Gliese 667）。它位於天蠍座的方向上，5.89等，單憑肉眼也能看到。葛利斯667是三合星，由A、B、C三顆恆星組成。

　　A和B是一般的明亮恆星，相隔5～20au的距離互相繞轉。相對於此，C是三者當中最小的恆星，隔著56～215au的距離環繞A和B公轉。

　　C的質量為太陽的37%左右，半徑為太陽的42%左右，是一顆非常小的恆星。C放射的能量只有太陽的1.4%左右，表面溫度可能約3700K。由光譜分析的結果，可知它是一顆紅矮星（red dwarf）。在2011年採取徑向速度法進行觀測的結果，確定了C擁有行星系。

　　這個行星系由七顆行星組成，而且其中三顆行星為超級地球，位於水能以液態存在的適居帶。在一個行星系中發現了3顆行星位於適居帶，這還是第一次。

　　此外，在葛利斯667C這樣的紅矮星發現了行星系一事，可能會使未來對系外行星的探測方向大幅轉彎。

　　2016年，在離太陽最近的恆星、亦為紅矮星的半人馬座比鄰星，以及距離太陽39光年的紅矮星「TRAPPIST-1」（次頁）都發現了系外行星。2018年，又在近距離的紅矮星巴納德星發現了系外行星。

從位於葛利斯667C適居帶的行星葛利斯667Cc所見景象的想像圖。在左邊天空發出明亮光芒的是葛利斯667C。在右邊天空可以看到葛利斯667A和葛利斯667B。從葛利斯667Cc上，應該能像這樣看到三顆恆星。

藉由大氣觀測也能了解生命存在的可能性

在距離太陽系39光年的地方，發現了恆星「TRAPPIST-1」。TRAPPIST-1是一顆位於寶瓶座方向上的紅矮星。其質量大約為太陽的8％，亮度只有太陽的1000分之1左右。天文學家認為TRAPPIST-1可能有系外行星存在，於是使用智利和南非的望遠鏡以凌日法進行觀測，結果發現有三顆行星在繞轉。

後來，又使用史匹哲太空望遠鏡持續進行更詳細的觀測，確定了TRAPPIST-1的行星系擁有七顆行星，而且這七顆全部都是類地行星。

其中的TRAPPIST-1e、f、g位於適居帶，其中又以第5號行星TRAPPIST-1f特別引人關注，因為它可能具備了生命繁衍的理想環境。其他行星依其內部構造和大氣的條件，似乎也有生命得以存在的可能性，至少表面或許是液態水得以存在的溫度。

像TRAPPIST-1距離太陽系只有39光年，就有辦法調查行星的大氣。說不定在調查之後，還能偵測到生物存在的痕跡。

這七顆行星與母恆星的距離都比水星與太陽的距離來得近，公轉週期分別為1.5～20天左右。

因此也有人認為，TRAPPIST-1的行星系更類似於木星與其四顆伽利略衛星的關係。如果真是如此，那麼行星就會永遠以同一個半面朝向恆星公轉，所以一半球是溫暖的、另一半球是酷寒的。不過，如果有大氣，或許就不會阻礙生命的存在。

此外，恆星和行星會互相發揮重力的作用，所以行星內部可能發生劇烈的潮汐加熱。這麼一來，行星的環境或許會變得相當嚴峻。

越過TRAPPIST-1d觀看TRAPPIST-1。在TRAPPIST-1的行星系中，從某顆行星觀看行星系內的其他行星時，看到的行星大小會比從地球觀看太陽系內其他行星還要大上許多。

b　c　d　e　f　g　h

把星星串連起來並聯想成神話人物或動物的88個星座

把天球上的星星用線條串連起來，聯想成人物、動物或器具，即為「星座」（constellation）。現在，國際天文學聯合會已經制訂了88個星座，例如一般比較熟悉的獵戶座、天鵝座等等。每個星座都劃定了各自的界線範圍，天球上的任何區域都屬於某個星座的範圍。因此，每當發現了新的天體等，只要標註「出現於○○座」即可，十分方便。

各個星座的界線全以赤經線和赤緯線劃分，因此，星座也可以說是「把全天以赤經線和赤緯線分割而成的88個區域」。由於星座的區域是明確的，所以各星座所占的面積也是確定的。長蛇座擁有的面積最大，南十字座所占的面積最小，兩者相差19倍。

現代星座的起源來自美索不達米亞文明。據說最初是畜牧者把星星串連起來並聯想成人物或動物，因此早期的星座大多是山羊座、白羊座之類與畜牧有關的星座。

在美索不達米亞誕生的星座流傳到古埃及和古希臘。希臘人把星座和神話連結在一起，發展出

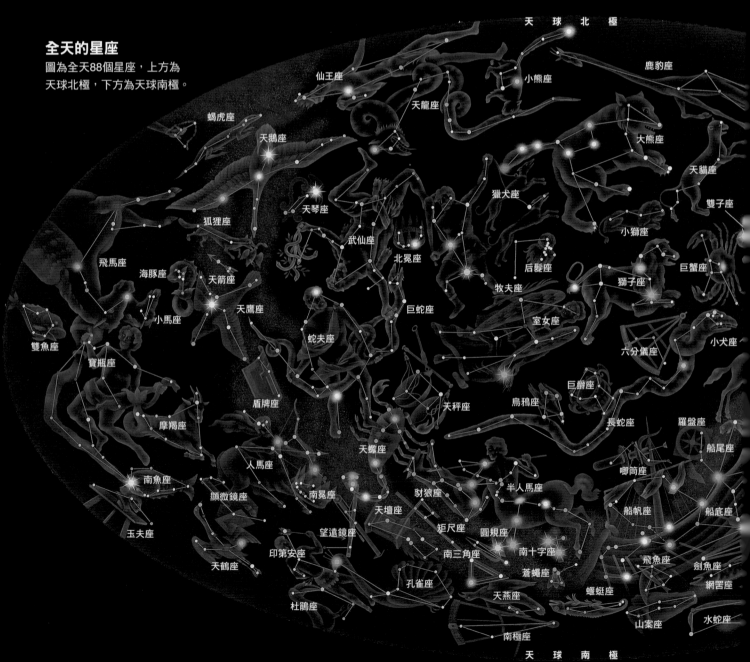

全天的星座
圖為全天88個星座，上方為天球北極，下方為天球南極。

自己的星座。

到了2世紀，托勒密訂定了48個星座，統稱為「托勒密星座」（Ptolemy Constellations）。這些唯有在北半球才能觀測到的星座卻成了全世界的標準，托勒密的48個星座到了16世紀已經廣為人知。等到迎來大航海的時代，人們逐漸得知南半球的星座，於是陸陸續續有人提出新的星座。

把這些星座彙整起來的是德國天文學家拜耳。他繪製了涵蓋整個天球星座的《測天圖》，並且在其中使用希臘字母 α、β、γ 等，把星座內的各顆恆星按照亮度大小依序編號。這種命名法稱為「拜耳命名法」（Bayer designation，第45頁）。

古代中國使用自創的星座

「星宿」是古代中國使用的星座。在古代中國，皇帝被視為體現上天意志的人物，因此天文觀測被奉為非常重要的大事，有專門的官職進行詳細的天文觀測。

在中國，天的赤道劃分為28個星宿，稱為「二十八宿」。目前已知最早的文獻資料可以追溯到西元前5世紀後半期的墳墓出土文物。

在日本，高松塚古墳及龜虎古墳（第113頁）也有描繪星座圖樣的壁畫，到了江戶時代曆法及占星術融為一體，進而廣為流傳。

二十八宿的起源可能來自月球相對於恆星公轉的週期27.3天。依照這個週期，月球每天都會往東通過下一個鄰接的星宿。

二十八宿是以東方青龍的角宿（下圖）為起點，由西向東一個接著一個。各個星宿都以其西端的一個星（距星）作為星宿的基準。例如，角宿的距星是角宿一，也就是室女座 α 星。

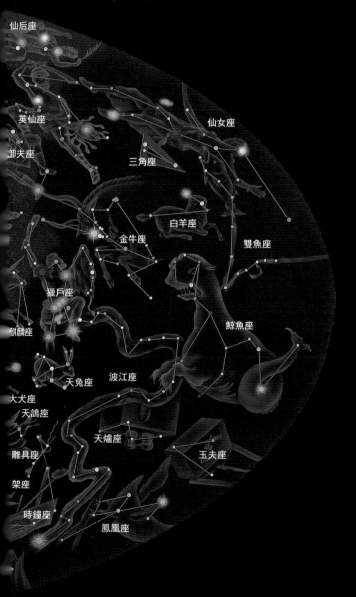

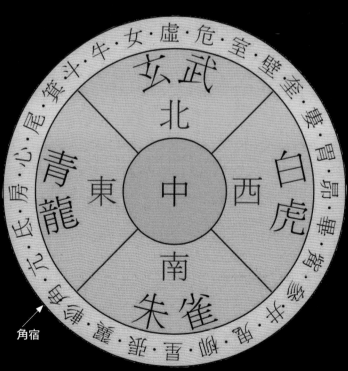

中國自行發展出了與西方不同的天文學。
代表性成果為二十八宿。從圖左東方青龍的角宿開始，
往東逐一接續下去。

因占星術而為人熟知的12個星座

現在，全天有88個星座，其中的白羊座（牡羊宮）、金牛座、雙子座、巨蟹座、獅子座、室女座、天秤座、天蠍座、人馬座、摩羯座（山羊宮）、寶瓶座、雙魚座這12個星座，特別合稱為「黃道十二星座／宮」（signs of zodiac／astrological sign）。

黃道十二星座的起源都相當古老。古人把幾個相對位置固定的恆星用線條串連在一起，再加上動物、人物或器物的想像，因而構成了星座。其中一部分被運用於制訂古代的曆法。

無論哪個時代，正確的曆法都是不可或缺的。古代人會把黃道十二星座運用在管理農耕等生活曆法上，因此，黃道十二星座不僅是和神話結合的民間文化，也是天文學、曆學的重要工具。

黃道十二星座位於黃道（太陽的路徑）上，所以太陽永遠都會通過黃道十二星座的前方。因此，可以藉由「太陽現在位於哪個星座」而得知現在的歲時節令。而且，月球和行星也通過黃道附近，所以黃道鄰近區域對於早期天文學來說相當重要。在天文學上，對黃道十二星座也相對其他星座更加重視。

黃道與天球赤道在春分點和秋分點交叉。春分點受到歲差的影響，每年往西偏移50角秒。因此，長期而言，位於春分點的星座會轉移更替。

在創造星座的古巴比倫時代，春分點位於白羊座，所以黃道十二星座的第一個星座是白羊座。不過，現在的春分落在雙魚座。到了西元2600年的時候，春分點將移到寶瓶座。當然，秋分點也會配合一起移動。

還有，黃道十二星座和占星術所利用的星座完全相同，這是因為占星術原本就是從天文學分支出去的。

黃道十二星座

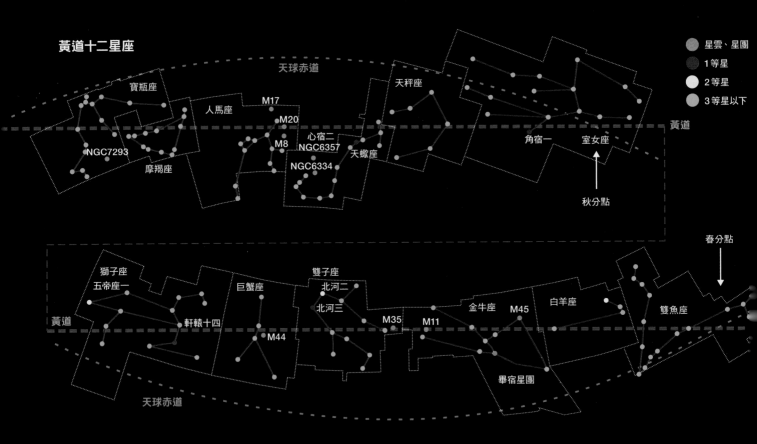

註：紅線表示星座線，黃虛線表示星座的區域界線。
　　表示星座區域的界線係根據國際天文學聯合會的正式決定，
　　但連結恆星的星座線未獲得正式決定。

從龜虎古墳發現的世界最古老圓形天文圖

日本於 7 世紀末至 8 世紀初建造的龜虎古墳中，天花板上繪有「龜虎古墳天文圖」。這表示在這個時代，中國的天文學已經傳到日本了。

這幅天文圖把宇宙繪成一個大圓，再把恆星的配置繪在圓上，是目前已知世界最古老的圓形天文圖。用金箔畫恆星，並用紅線把恆星連接成為星群。中心為天球北極。以現在來說這是北極星，但在當時的年代其位置稍有偏移。

在這幅天文圖中，以天球北極為中心，畫了三個同心圓，由內而外分別稱為「內規」、「赤道」、「外規」。

內規是指聚集於天球北極附近的恆星，全年都不會沉落。這意謂著，可以從畫在內規的恆星，來推斷這幅天文圖的繪製地點（觀測地點）的緯度。赤道是指把地球赤道延伸擴大而與天球相交的地方。外規是指南方的地平線，也就是界線。位於外規外的恆星，在日本無法看到。

還有一個圓是黃道。這個圓是太陽和行星通過的路徑，所以也是中國天文學中在觀測天體運行方面的重要資訊。

觀測天體的運行並制訂曆法，對於農業等生活是不可或缺的作業，也是執政者提高自己權威的必要手段。

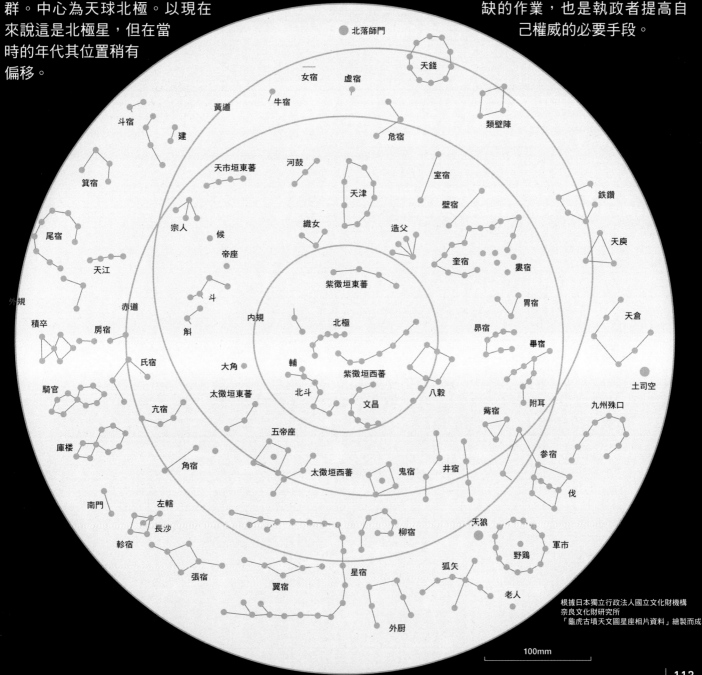

根據日本獨立行政法人國立文化財機構
奈良文化財研究所
「龜虎古墳天文圖星座相片資料」繪製而成

100mm

由於地球在公轉，所以能看到的星座會移替

　　獵戶座在寒冬的夜空中閃閃發亮，天蠍座在酷夏的夜空中彎成大大的Ｓ形橫跨在銀河上。在不同的季節，會看到不同的星座。

　　能看到星座的時刻當然只有夜晚。白天時星星依舊在天空的遠處發光，但因為陽光太過耀眼，我們的肉眼無法辨識出星星傳來的微光。因此，我們在白天無法看到已經升上天空的星座。

　　承載著所有天體的虛擬球體稱為天球。所謂的天球，就是忽視天體的實際距離，只管看到天體的方向，把所有天體拉到同一個球面上所構成的虛擬物。我們能看到的，就只有天球之中位於夜側方向上的星座。不過，因為地球是圓的，所以即使經過一整年，我們在北半球仍然始終無法看到天球南側的部分恆星。

　　另一方面，由於地球繞著太陽公轉，所以天球的「夜側」也會一點一點地移轉，使得在同一時刻看到的星座也會隨之一點一點地變遷。經過剛好半年後，夜側和日側會完全調換過來。

　　例如，夏至當天的地球和冬至當天的地球，剛好位於夾著太陽的兩邊。因此，夏至當天升上白晝天空的星座，到了冬至當天是在夜晚升上天空；相反地，冬至當天升上夜晚天空的星座，到了夏至當天是在白晝升上天空。

不同季節看到的星座不一樣

本圖所示為貼附在天球上的「黃道十二星座」和太陽、地球的位置關係。太陽在天球上的通行路徑（亦即把地球公轉軌道面延伸擴大而與天球相交的線）稱為黃道，位於黃道附近的12個主要星座稱為黃道十二星座。

　　從地球上只能看到夜側的星座。地球繞著太陽公轉，使得夜側的星座也隨之逐漸移轉。本圖所示季節為北半球的季節。

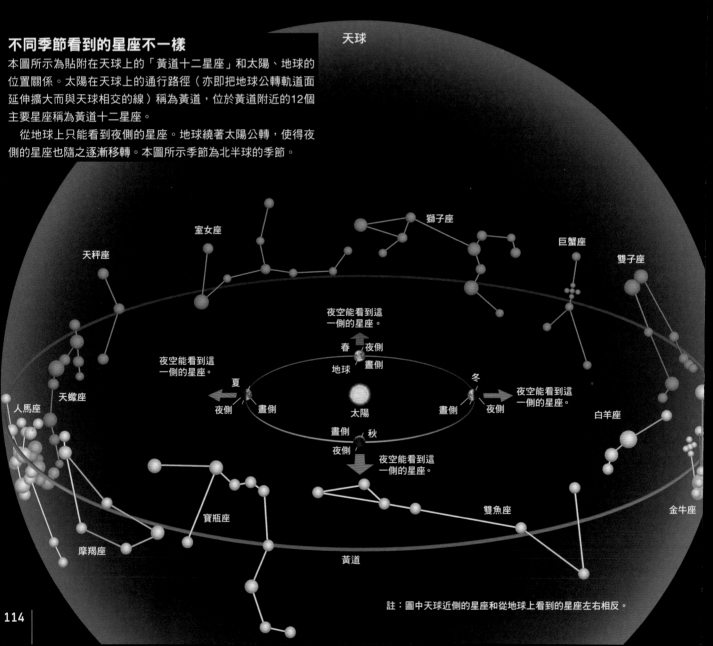

註：圖中天球近側的星座和從地球上看到的星座左右相反。

主星和伴星之間的5個穩定點

伴星繞著主星公轉的場合，在伴星的軌道有5個特殊的位點，如果小天體進入這些位點，將能夠保持與主星和伴星的相對位置關係而穩定地公轉。這些位點稱為「拉格朗日點」（Lagrangian point）或「L點」。

18世紀中期，瑞士天體物理學家歐拉（Leonhard Euler，1707～1783）計算出在連接主星和伴星的直線上，有3個能讓物體穩定存在的位點（歐拉的直線解）。後來，與歐拉齊名的法國數學家暨天文學家拉格朗日（Joseph-Louis Lagrange，1736～1813）證明，以主星和伴星的連線為一邊的正三角形的頂點也是穩定的位點，因此得知總共有5個特殊的位點。

主星和伴星的關係若套用在太陽和地球的關係上，則地球公轉軌道附近會有5個拉格朗日點。

L1位於地球面朝太陽的方向上150萬公里之處。月球的軌道半徑為38萬公里，所以這個位置在月球的大約4倍遠處。它始終在太陽的近側（朝向地球這側），故很適合放置太陽觀測衛星，目前已經有SOHO、ACE（Advanced Composition Explorer，先進成分探測器）、WIND（太陽風）等觀測衛星。

L2位於地球背離太陽的方向上150萬公里之處。由於太陽與地球始終位於相同的方向上，可以使兩者對它的影響都降到最低，而能觀測廣範圍的天空。目前，這個位置上有WMAP（Wilkinson Microwave Anisotropy Probe，威爾金森微波各向異性探測器）觀測衛星、詹姆斯·韋伯太空望遠鏡等。

L3位於從地球看去的太陽背側，因此無法從地球上直接看到L3。從很早以前，就有人主張這個位置上有未知的行星存在。但是，根據派遣探測器調查的結果，確認L3並沒有行星大小的天體存在。地球軌道上的60°前方為L4，後方為L5。

在地球（主星）和月球（伴星）的關係中，也有5個拉格朗日點。1960 年代，波蘭天文學家柯迪萊夫斯基（Kazimierz Kordylewski，1903～1981）宣稱在L4、L5觀測到雲狀天體，並稱之為「柯迪萊夫斯基雲」（Kordylewski cloud）。不過，現在則懷疑柯迪萊夫斯基雲是否存在。目前，月球和5個拉格朗日點都沒有放置人造天體。

在太陽（主星）和木星（伴星）的關係中，在L4和L5分別發現了一群小行星，統稱為特洛伊群小行星（Trojan asteroids）。

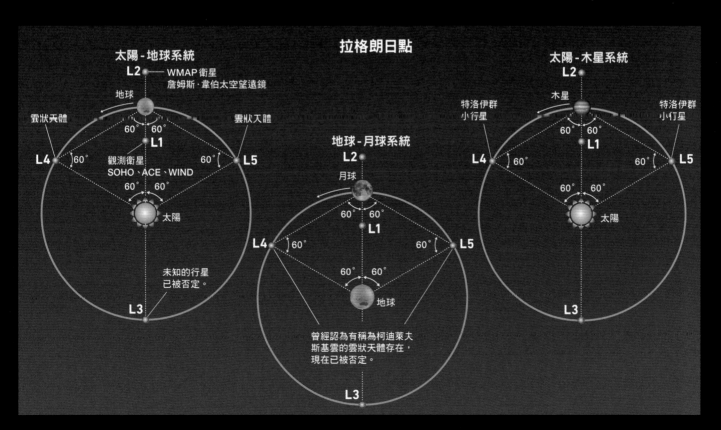

拉格朗日點

以太陽為基準的太陽日和以恆星為基準的恆星日

以太陽的移動為基準而制訂的1天長度稱為「太陽日」（solar day），又分為「視太陽日」（apparent solar day）和「平均太陽日」（mean solar day）。

從太陽位於中天（頭頂上的位置）的時刻到下次又位於中天的時刻為1天。依此測量的1天是依據太陽的目視運動所測量的1天，該時間長度稱為視太陽日。但由於地球的公轉軌道為橢圓形，再加上地球的自轉軸傾斜於公轉面，所以太陽的目視運動在一年當中有時較快、有時較慢。因此，視太陽日的長度每天都在變化。

這使得以太陽為基準制訂曆法時非常不便。於是便假設太陽的速度在各個季節都沒有改變，依此設計1天的長度，也就是平均太陽日。平均太陽日把1天分割

為24個小時，全年累計365天。不過，嚴格來說應為365.242天，所以必須每4年設定一次1年為366天的閏年。

和以太陽的移動為基準來制訂太陽日一樣，以恆星位於中天為基準制訂1天的長度，稱為「恆星日」（sidereal day）。以冬季的代表性星座獵戶座為例，在2月上旬的20時是位於中天，但是在12月前後則偏向東方，相反地，在4月前後則偏向西方。

像這樣在同一時刻進行觀察，就會發現隨著日子推移，星座的位置漸漸地往西移動。這是因為在地球自轉1次的期間，星座會旋轉比360度多一些。

星座旋轉1次所需的時間為大約23小時56分鐘，比太陽日快了大約4分鐘。因此，星座位於中天的時刻每1天會提早4分鐘。

如果持續在同一時刻觀察某顆恆星，便可發現該恆星每天往西多移動了4分鐘的幅度。這4分鐘的幅度累積起來，便造成了星座的變遷。

太陽日和恆星日的1年長度（太陽年）剛好相差1天（4分鐘×365天＝24小時）。因此，經過1年後又回復到原來的中天時刻。

許多人都認為「地球每24小時自轉1圈」，但嚴格來說這是錯的。正確的觀念是「地球每23小時56分4.091秒自轉1圈」，該時間長度與恆星日一致。也就是說，所謂的自轉週期是相對於恆星的自轉時間，而非相對於太陽的自轉時間。

如果在相同時刻觀察，會發現星座漸漸往西偏移

圖為連續幾個月的每月1日20時，從東京觀察南方天空所看到的獵戶座位置。請注意，這不是恆星在1天當中的移動（週日運動）。在每天的同一時刻持續觀察，便可發現獵戶座的位置由東向西沿著弧形軌道逐漸移動。這是因為在地球自轉1圈的期間，星座會旋轉比360度多一些（約361度，亦即旋轉了1圈又1度）。下圖為恆星在相同時刻的位置比較，但若留意同一顆恆星在一晚之中來到正南方（中天）的時刻，則每1天會提早約4分鐘。

2月

1月

3月

12月

4月

參宿四（1等星）

參宿七（1等星）

獵戶座

5月

東　　　　　　　　　　　南　　　　　　　　　　　西

以太陽在中天為基準的太陽時和以春分點為基準的恆星時

「時、分、秒」是時間的單位，同時也能用於表示角度。若以 1 圈360°為24小時，則180°為12小時，90°為 6 小時。像這樣以「時、分、秒」表示的角度，可用來表示天球上的恆星位置，經常運用於船舶的航行等方面。

通過正北、天頂、正南、天底的線稱為子午線。中天就是天體來到子午線上的意思。

1 天有24個小時，這是以太陽的移動為基準。太陽從中天到下次中天的平均時間長度稱為太陽日，其24分之 1 的長度定為 1 小時。太陽位於中天的時刻即為中午（12時）。

這種時刻的測定方法稱為「太陽時」（solar time），日常使用的時間就是太陽時。

除了太陽時，還有「恆星時」（sidereal time）。恆星時是以春分點為基準。春分點位於子午線上（正南）的時刻定為恆星時的 0 時。春分點繞 1 圈又來到子午線上的時刻，定為恆星時的24小時。

恆星時比太陽時每 1 天短約 4 分鐘，所以並未運用於日常生活中，但是在天文觀測等方面不可或缺。

我們常利用經度和緯度表示地球上某個地點的位置，天球上也制訂了赤道座標，利用赤經和赤緯表示天球上某個點的位置。

赤緯是以該點與赤道的夾角角度來表示，赤經是以該點距離春分點（0 時）的「時、分、秒」來表示。因此，來到子午線上的赤經（時、分、秒）即為當時的恆星時。

恆星時依經度的不同而異。某個地方的恆星時稱為「地方恆星時」（local sidereal time），經度每相差15°則地方恆星時相差 1 小時。

我們日常生活中使用的時刻為「太陽時」。所謂的太陽時，是把太陽位於中天到下次位於中天的平均時間長度定為 1 天，把其24分之 1 的長度定為 1 小時的測定方法。太陽位於中天的時刻稱為中午（正午）。中天是指天體位於子午線上。經過調整的太陽時是 1 天長度固定不變的時刻，所以和真實太陽的移動之間有所偏差。也就是說，會發生雖然是中午，太陽卻不在中天的情形。以春分當天的中午為例，太陽並不在中天，而是稍微偏向東側。秋分則相反，太陽偏向西側。

子午線
夏至當天的太陽軌道
春分及秋分當天的太陽軌道
夏至（中天）
秋分（中天）
春分（中天）
冬至（中天）
西
東
南
冬至當天的太陽軌道

4 妝點宇宙的眾星系

我們的太陽系位於「銀河系」這個星系之中。據估計，在宇宙中，有超過1000億個星系存在。這些星系無論是外觀或活動情形都大異其趣。

　　在本章中，將會探討包括我們銀河系在內的眾星系的構造、誕生及成長的樣態、星系的集團構造等等，逐一揭曉星系的真相。

有橢圓星系、螺旋星系、棒旋星系、不規則星系等

我們的銀河系是由1000億～數千億顆恆星聚集而成的大集團，直徑長達10萬光年。由如此眾多的恆星組成的天體稱為「星系」（galaxy）。恆星的數量要到多少才足以稱為星系，並沒有明確的定義。據估計，全宇宙總共有1000億～1兆個星系存在。

星系可依據其外形大致分為橢圓星系、螺旋星系、棒旋星系、不規則星系等幾個類型。橢圓星系顧名思義就是呈現橢圓形，外觀上看不出有什麼明顯的特徵性構造。螺旋星系擁有螺旋狀的星系臂，旋臂內聚集著大量的年輕恆星。棒旋星系中央的橢圓體扁平而接近棒狀，從其兩端伸出螺旋狀的星系臂。不規則星系是年輕恆星無規律地聚集在一起，呈

現不規則的形狀。以前認為銀河系應該是個螺旋星系，但是近年來則認為是棒旋星系的可能性比較高。

星系並非均勻地分布在宇宙空間，而是聚集成一個一個群組。小群組稱為星系群，大群組稱為星系團。

星系盤
以核球的中央為中心，進行圓周運動。銀河系的直徑長達10萬光年左右。

球狀星團
由數萬至數百萬顆恆星密集成球狀的星團。球狀星團中的恆星非常古老，可能大多數都超過100億歲。

核球
由古老恆星組成，新恆星的形成並不活躍。許多螺旋星系的核球中心有巨大黑洞存在。

旋臂
盤捲成螺旋狀的構造。活躍地孕育新恆星的區域。

螺旋星系的構造
圖為代表性星系類型「螺旋星系」的構造。螺旋星系中心的球狀構造稱為核球。從核球伸出星系臂，盤捲成螺旋狀，使得整個星系成為圓盤狀構造。

圓盤的周圍散布著許多球狀星團，彷彿把星系團團圍住。此外，還有宛如包覆著星系的暗物質存在，但在圖中並未呈現。

暈
包覆著整個星系的區域。由球狀星團、暈族星、暗物質等組成。

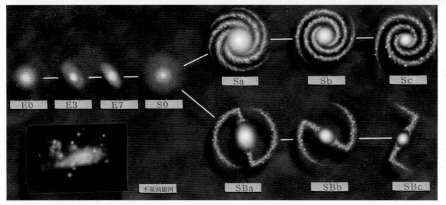

哈伯於1923年建立的星系分類圖。分類圖的左側為橢圓星系（E），右側為擁有旋臂的螺旋星系（S），中間為假設的透鏡形星系（S0）。哈伯把螺旋星系分為2個系列：中央區的「核球」膨脹成橢圓狀的螺旋星系（S），以及核球扁平成為棒狀的棒旋星系（SB）。當時雖然已知有不規則星系存在，但在圖中沒有獨立分類。這個星系分類圖的形狀好像一支音叉，所以又稱為「音叉圖」。哈伯發表音叉圖時透鏡形星系尚未被確認，但目前已經確定其存在了。

星系盤內擁有旋臂的星系

「螺旋星系」（spiral galaxy）擁有年輕恆星和星際物質特別集中的旋臂。旋臂由星系盤的中央區往外伸出，可依其盤捲方式的不同而分成幾個階段。全部星系可能有60％以上是螺旋星系，是最常看到的星系類型。仙女座星系、大熊座M81、獵犬座M51等，都是代表性的螺旋星系。

螺旋星系由膨脹成橢圓體狀的中央部分「核球」、包含旋臂的薄「星系盤」、把它們包住的球狀「暈」構成。

核球為棒狀構造的螺旋星系，則稱為棒旋星系（barred spiral galaxy）。

分布於星系盤的恆星為富含重元素的第一星族年輕恆星，繞著中心的垂直軸旋轉。尤其是旋臂內的恆星，可能大部分是非常年輕的恆星。誕生100萬～1000萬年的明亮重星和恆星原料星際物質緊密地聚集在一起。

聚集在核球的恆星大多是重元素含量較少的第二星族古老恆星。年齡都在100億歲以上。核球內幾乎沒有星際物質存在，可能不會發生孕育新恆星的活動。星系暈中也散布著少許第二星族恆星。

銀河系可能也是一個棒旋星系，而太陽系位於其中的獵戶座臂上。

從正上方俯視螺旋星系（左）和棒旋星系（右）的樣貌。較大的差異在於中心區的形狀。螺旋星系擁有球狀的核球，棒旋星系則擁有棒狀的構造。

太陽系所屬的由1000億～數千億顆恆星組成的大集團

「銀河系」(Milky Way Galaxy)是指包含太陽系的恆星大集團，也稱為銀河、天河等。據估計，銀河系擁有1000億～數千億顆恆星。整個宇宙可能擁有1000億～1兆個星系，銀河系只是其中一個。

銀河系的直徑約10萬光年，中心區為厚約1萬5000光年的圓盤狀，太陽附近的星系盤厚約2000光年。太陽位於旋臂之一的獵戶座臂上，距離銀河系中心約2萬8000 ±3000光年之處。

銀河系的總質量為太陽的1000億倍左右。還有，所謂的銀河（天河）是從地球上看到的銀河系側面樣貌。

銀河系由圓盤狀的星系盤、中心區的扁平橢圓體核球、包覆在星系盤周圍的球狀星系暈構成。

星系盤以高速繞著中心軸旋轉，這裡有非常年輕的恆星和恆星原料氣體密集而成的旋臂。核球內則聚集著100億歲以上的古老恆星。星系暈中可以發現許多由古老恆星組成的球狀星團，散布的範圍廣達直徑15萬光年。

以前認為銀河系是個螺旋星系，但近年來開始強烈懷疑它是個核球接近棒狀的棒旋星系。

根據最新的研究結果，太陽目前位於銀河面（相當於銀河系星系盤的赤道面）北側90光年左右的地方，黃道面相對於銀河面傾斜約60°。太陽系可能是在銀河面上上下下運行，每2億年繞行銀河系一圈。

從正上方俯視銀河系的想像圖。銀河系的直徑約10萬光年，擁有1000億～數千億顆恆星，我們的太陽只是其中之一。太陽位於距離銀河系中心約2萬8000±3000光年的地方。

英仙座臂

矩尺座臂

獵戶座臂

盾牌座-半人馬座臂

人馬座臂

恆星在星系盤的螺旋狀構造中誕生

　　所謂的「旋臂」（spiral arm），是指螺旋星系和棒旋星系星系盤中的螺旋狀構造，厚約300光年，有非常年輕的恆星和星際物質聚集於此。銀河系有許多隻旋臂，其中的人馬座臂、獵戶座臂、英仙座臂這3隻旋臂已被清楚確認。太陽系可能位於獵戶座臂朝星系中心這一側的邊緣。星系臂不只擁有恆星，更擁有豐富的氫氣等星際物質可作為恆星的原料，是個新恆星誕生活動活躍的區域。這些恆星和氣體以星系中央的核球為中心旋轉，形成了旋渦狀的臂。

　　在星系盤中，密度的疏密以波的形式傳送開來，因而產生旋渦狀的密度波。密度波在星系盤裡面旋轉，星系盤的氣體也沿著相同的方向旋轉。

　　氣體的旋轉速度非常快，秒速高達250公里左右。氣體與密度波碰撞而產生震波（壓力變化的波），把震波後方的氣體急劇壓縮，結果形成了類似分子雲的高密度雲，然後在雲裡面孕育出新恆星。

　　這些恆星是放射出強烈紫外線的高溫恆星。這個紫外線會使周圍氣體的壓力升高，壓縮相鄰的分子雲，於是從中誕生新的恆星。就是這樣在震波的後方連鎖式地孕育新恆星。

　　根據觀測的結果可知，螺旋星系內的恆星與氣體無論離星系中心有多遠，都是以幾乎相同的速度在旋轉。螺旋星系以這樣的方式在旋轉，代表當旋臂的外側轉1圈的期間，內側可能已經轉2圈了。這不免讓人擔心，旋臂會不會越來越糾結在一起。不過，根據「密度波理論」（density wave theory），這樣的情形並不會發生。

　　根據理論，星系臂是恆星和氣體的「堵塞場所」發出亮光的地方。觀察塞車現象即可明白，雖然堵塞的車陣本身長度沒有改變，但堵在車陣裡的汽車會隨著時間而改變。車陣前頭的汽車會脫離堵塞，而車陣尾巴則有新的汽車加入。構成旋臂的恆星也可以依照相同的道理來看待。也就是說，恆星的速度（＝汽車的速度）和旋臂的速度（＝塞車處的移動速度）並不相同，因此旋臂不會糾結在一起。

旋臂構造

銀河系內的1000億～數千億顆恆星以某種程度的秩序排列，但是這並非完全均衡的狀態。如果恆星稍微靠近一點，重力就會增強，進一步吸引新的星際物質和恆星靠過來。於是形成了恆星密度較高的部分，進而產生密度波，成為旋臂的根源。

恆星誕生的機制

銀河系在旋轉，飄浮在銀河系內的氣體也隨之一起旋轉。旋臂構造的前方有震波面，旋轉而來的氣體其密度和壓力都會上升。這種情形就像高速公路收費站前會堵車一樣。被壓縮的氣體藉由彼此重力開始收縮，持續收縮就會誕生新的恆星。可能是在離震波面100光年左右的地方壓縮氣體，在離震波面數百光年左右的地方形成新的恆星。

英仙座臂
獵戶座臂
人馬座臂

太陽系所在的獵戶座臂的截面

震波面

氣體高速衝入密集的恆星而產生震波。後來又有氣體衝入其中，並遭到壓縮。

衝入震波面的氣體遭到壓縮
（離震波面100光年左右）

被壓縮的氣體開始孕育出恆星
（離震波面數百光年左右）

位於螺旋星系中心區的橢圓形膨脹部位

「核球」（bulge）是指螺旋星系及棒旋星系中心區的扁平橢圓形膨脹部位。

核球的亮度分布與橢圓星系類似，顏色也相近。不過，相對於橢圓星系幾乎不太旋轉，核球卻在快速旋轉，銀河系的核球可達秒速約100公里。

我們太陽系所在的銀河系，核球的厚度為1萬5000光年。由年齡100億歲以上的恆星組成，越靠近中心恆星的密度越高。已知銀河系中心有一個巨大的黑洞，而中心區的恆星之所以如此密集，原因可能就在於這個黑洞的引力。核球裡面幾乎沒有空氣，也幾乎沒有新恆星誕生。

圖為從側面觀看銀河系的景象。中心區的橢圓形膨脹部位即為核球。核球的厚度為1萬5000光年，而太陽系附近的星系盤厚度為2000光年左右。銀河系的直徑可能有10萬光年，相比之下即可明白星系盤有多薄。星系盤周圍散布著稱為球狀星團的恆星集團，目前已知有150個左右（圖中的黃球）。不過，在離星系盤相當遠的地方也有球狀星團存在，彷彿包覆著星系盤一般。本圖並未繪出所有的球狀星團。

核球

相當於銀河系中心核的超高密度區域

在「銀河系中心」相當於土星軌道半徑的範圍內，塞入了太陽300萬倍左右的質量，釋放出太陽100兆倍左右的龐大能量。

銀河系的中心附近受到無數恆星及氣體阻礙，導致無法利用可見光加以觀察，但有觀測到一個非常強力的電波源。這個電波源由三個部分組成，合稱為「人馬座A」。其中的人馬座A東星可能是個超新星殘骸；人馬座A西星擁有旋臂構造，在其影像中顯現出高溫氣體的強烈氣流，並且放出龐大的能量；第三個是人馬座A*星，似乎位於人馬座西星的中心。

銀河系中心可能有一個巨大的黑洞。但是我們無法直接看到黑洞，所以只能依據銀河系中心附近的恆星運動，間接推測黑洞的存在。觀測的結果顯示了黑洞存在於銀河系中心的間接證據。而且，很可能人馬座A*星就是這個黑洞。

人馬座A*星的質量為太陽的260萬～431萬倍，會依觀測方法的不同而有很大差異。不過，其半徑或許不超過120天文單位（1天文單位＝約1億5000萬公里），似乎可以確定它是一個巨大黑洞。

此外，有些星系的黑洞會噴出稱為「噴流」的高速電漿，但銀河系中心的黑洞現在似乎沒有什麼動靜，並未觀測到噴流。

銀河系中心附近的想像圖。銀河系中心一帶密集著數量驚人的恆星，因此無法看穿到銀河系的中心區。那裡可能有一個巨大的黑洞存在。許多星系可能和銀河系一樣，中心有個巨大的黑洞。

包覆著星系盤的球狀區域

銀河系被稱為「暈」（halo）的球狀區域包覆著。依據球狀星團和環繞銀河系的伴星系（麥哲倫雲等）的運動等跡象，可以知道暈的所占範圍可能相當廣大，但實際樣態並不清楚。暈分為3個層次。最內側的光學暈中，分布著能夠利用可見光看到的球狀星團。直徑為15萬光年。和密集於核球的球狀星團相比，它們的數量很少，但可能都是在銀河系剛形成時誕生的。

光學暈的外側則是X射線暈。X射線暈是利用電波和X射線進行觀測發現的，充滿了稀薄的高溫氣體。大小為光學暈的2倍到數倍。

X射線暈的外側可能還有一層暗暈。暗暈是由無法利用電波及X射線等電磁波觀測的未知物質「暗物質」構成的區域，據推測，其質量、直徑都遠比銀河系盤大上許多。

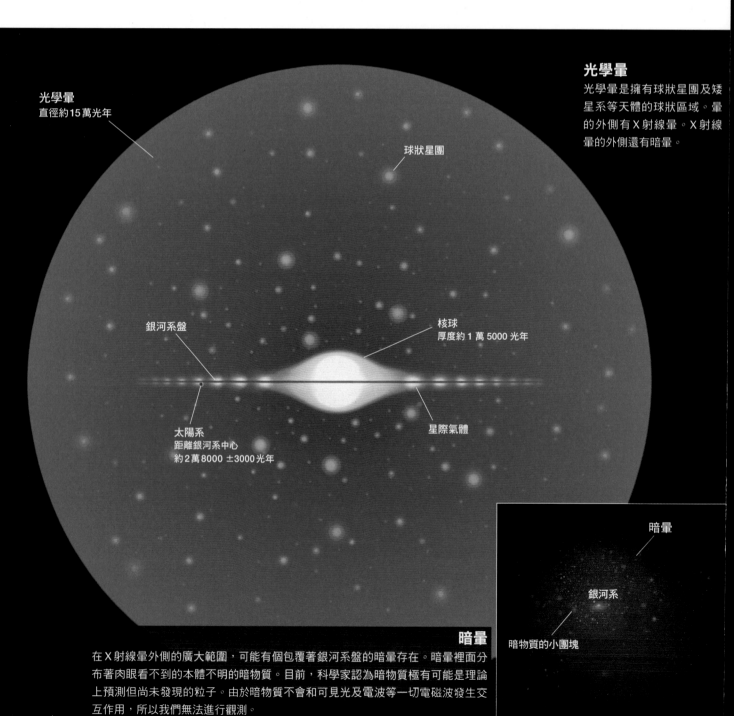

光學暈
光學暈是擁有球狀星團及矮星系等天體的球狀區域。暈的外側有X射線暈。X射線暈的外側還有暗暈。

光學暈
直徑約15萬光年

球狀星團

銀河系盤

核球
厚度約 1 萬 5000 光年

太陽系
距離銀河系中心
約 2 萬 8000 ±3000 光年

星際氣體

暗暈

暗暈

銀河系

暗物質的小團塊

暗暈
在X射線暈外側的廣大範圍，可能有個包覆著銀河系盤的暗暈存在。暗暈裡面分布著肉眼看不到的本體不明的暗物質。目前，科學家認為暗物質極有可能是理論上預測但尚未發現的粒子。由於暗物質不會和可見光及電波等一切電磁波發生交互作用，所以我們無法進行觀測。

小星系的種子不斷合併，成為大星系

我們的銀河系以及宇宙中的每個星系，究竟是在什麼時候、以什麼方式形成的呢？

宇宙中最早形成的，可能是由數量相對較少的恆星組成的「星系種子」（原星系）。至於這是由多少恆星組成的集團、在什麼時候誕生，目前並不清楚。不過，根據天文觀測的結果可知，在宇宙誕生約 5 億年後已經有可稱之為星系的天體存在了。

星系可能歷經了數億年乃至數十億年的歲月，由小星系逐漸「成長」為大星系。原星系不斷地和鄰近的原星系藉由重力互相吸引、碰撞、合併，於是一點一點地成長為大型星系。

1. 原星系彼此接近

2. 原星系碰撞、合併

3. 原星系進一步碰撞、合併

4. 反覆合併而形成大型星系

逐漸成長的星系
圖為小型原星系（星系種子）互相碰撞、合併，最後成長為大型星系的過程（1～4）。

肉眼也能瞧見的典型螺旋星系

「仙女座星系」是分布於仙女座ν星（奎宿七）附近的星系。銀河系為棒旋星系，仙女座星系則是螺旋星系。目視星等約4等，單憑肉眼也能瞧見。距離地球約250萬光年，直徑15萬～22萬光年，是個比銀河系還要大上許多的星系。以前認為其直徑為13萬光年左右，但最近的觀測顯示暈中的恆星其實是星系盤的一部分，因此才把仙女座星系的規模擴大了。

從10世紀開始，人們就知道仙女座星系的存在，當時稱它為「小雲」。1771年，梅西爾編製了梅西爾目錄（第45頁），將之編號為M31。

仙女座星系是典型的螺旋星系，但由於我們是從幾近正側面的方向觀看，所以呈現細長的橢圓形。也因此很難觀測其螺旋構造，但它可能有多隻旋臂。沿著旋臂可觀測到為數眾多的瀰漫星雲，顯示該處有年輕恆星存在。

仙女座星系有M32、NGC205等小型星系相伴。這些都是環繞仙女座星系公轉的伴星系，和主星系之間藉由重力互相吸引。而且，仙女座星系本身也和銀河系及其他幾個星系藉由重力互相吸引，集結成本星系群。

仙女座星系

一直到1924年，人們才知道仙女座星系位於銀河系之外。哈伯使用當時才剛啟用不久的威爾遜山天文臺的100英寸望遠鏡，在仙女座星系內發現了稱為造父變星的脈動變星，再利用變光週期和絕對星等的關係，成功地測定了其距離。哈伯所測定的仙女座星系的距離遠遠超過銀河系大小，由此證明了仙女座星系位於銀河系之外。後來，測定距離的精確度更加提升，從而確定了仙女座星系距離地球250萬光年。

環繞銀河系公轉的
小型星系

「麥哲倫雲」（Magellanic Cloud）位於南半球的天空，由杜鵑座的「小麥哲倫雲」（Small Magellanic Cloud）和劍魚座的「大麥哲倫雲」（Large Magellanic Cloud）組成（大麥哲倫雲有一小部分位於山案座）。據說是1520年葡萄牙探險家麥哲倫（Ferdinand Magellan，1480～1521）在環繞世界航行一周的途中發現的星雲。

這兩個星雲都是不規則的矮星系。大麥哲倫雲距離地球16萬光年，小麥哲倫雲距離地球20萬光年。直徑分別為2萬光年和1萬5000光年。

這兩個星系只相距8萬光年，繞著共同的重心旋轉。以前一直認為麥哲倫雲是環繞銀河系公轉的伴星系，但最近則有人提出它們可能只是偶然靠近，現在恰好來到銀河系旁邊而已。

或許是受到銀河系的強大重力影響（潮汐力），導致它們的形狀變得扭曲、呈現不規則形。利用電波觀測可知大小麥哲倫雲正在流出氫氣。

麥哲倫雲離銀河系很近，所以其中的各種天體是非常合適的觀測目標。其中有性質介於疏散星團和球狀星團之間的星團，還有一個直徑800光年的巨大瀰漫星雲 ──「狼蛛星雲」（Tarantula Nebula）── 在1987年出現了超新星。

整體略呈圓形的
星系的總稱

「橢圓星系」（elliptical galaxy）是指外觀呈橢圓形的星系。它們的扁平率不盡相同，從幾近正圓到細長扁平都有，可謂天差地遠，並可依此分為幾個階段。比較有名的橢圓星系有室女座的M87、獅子座的NGC3379等等。

表面的亮度由中心往外側有規律地減少，並沒有什麼特別的模樣。橢圓星系中幾乎沒有任何形成新恆星所需的氣體，看不到恆星生成的活動。

橢圓星系內的恆星絕大多數是古老的恆星。這些恆星的運動沒有規律性，其速度分散因而產生了非等向性的壓力，故橢圓星系雖為扁平形狀但旋轉得不快。

橢圓星系的大小及質量都和螺旋星系不相上下。但是，在星系團中心附近有觀測到超巨大的橢圓星系，可能是藉由重力吸引周邊星系並將其吞噬而變大。形狀與橢圓星系相似但質量較小的星系，另行歸類為「矮橢圓星系」（dwarf elliptical galaxy）。

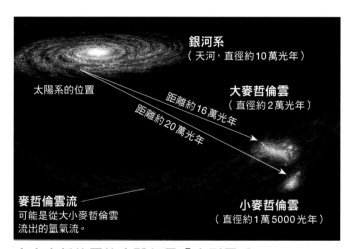

大小麥哲倫雲的本體都是「小型星系」

大麥哲倫雲是個直徑約2萬光年的星系，距離地球約16萬光年。小麥哲倫雲是個直徑約1萬5000光年的星系，距離地球約20萬光年。大小麥哲倫雲受到銀河系的重力影響，以大約25億年的週期環繞銀河系旋轉，不過也有人主張它們只是偶然路過而已。電波觀測顯示有氫氣雲（麥哲倫雲流）沿著其軌道拖曳。

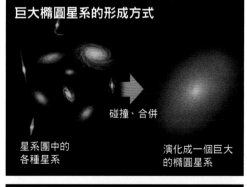

巨大橢圓星系的形成方式

碰撞、合併

星系團中的各種星系　演化成一個巨大的橢圓星系

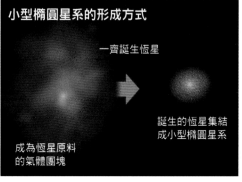

小型橢圓星系的形成方式

一齊誕生恆星

成為恆星原料的氣體團塊　誕生的恆星集結成小型橢圓星系

星系團中心附近的巨大橢圓星系可能是由星系團中的星系互相碰撞、合併而逐漸成長起來的星系。另一方面，比較小的橢圓星系則可能是在宇宙誕生的初期或是某個時期一齊誕生眾多恆星，而恆星集團就此殘留下來所形成。

質量比一般星系還要小的星系

「矮星系」（dwarf galaxy）也稱為「侏儒星系」，是指質量為太陽10^6～10^{10}倍的小型星系，通常規模只有銀河系的100分之1。橢圓星系、螺旋星系、棒旋星系這種分類方法是一般星系的分類體系，矮星系則另有一套歸類體系。

矮星系的形狀以橢圓形占絕大多數，但是其亮度分布和一般的橢圓星系不同，所以可能除了質量不同之外連構造也不一樣。矮星系在星系群及星系團中經常可見，例如仙女座星系的伴星系M32、天爐座星系等等。

矮星系在銀河系所屬的本星系群裡面也不少，大多環繞著較大的星系旋轉，目前已知我們的銀河系周圍至少有40個矮星系。

矮星系比較暗淡（絕對星等比－18等更暗），以前只能觀測到近距離的矮星系，但如今由於觀測技術的發達，已經能夠發現極為遙遠的矮星系了。

哈伯太空望遠鏡拍攝的人馬座矮星系。這是一個環繞銀河系旋轉的伴星系。距離地球約7萬光年，直徑約1萬光年，質量為銀河系的1000分之1左右。

銀河系也包含在內的藉由重力集結的星系集團

「本星系群」（Local Group of Galaxies）是指銀河系所屬的星系集團。有超過50個各種大大小小的星系，聚集在直徑600萬光年的範圍內。其中包含了螺旋星系、矮橢圓星系、棒旋星系、不規則星系等各式各樣的星系。

其中最明亮的星系是仙女座星系（絕對星等－21等），接下來是銀河系（－20等）、三角座的螺旋星系M33（－19等）。

本星系群之中，仙女座星系和銀河系特別巨大，光這兩個星系的質量就占了整個本星系群的75%。觀察星系的分布可知，銀河系的周圍和仙女座星系的周圍有次星系群。

組成這類集團的星系與星系之間的宇宙空間為真空狀態，但也不是什麼都沒有，仍有些稀薄的氣體存在。也就是說，本星系群是藉由重力集結在一起。

遠方星系的退行速度是以從這個本星系群的重心看到的速度來表示。

包括銀河系的本星系群

以我們的銀河系和離我們250萬光年的仙女座星系為中心，集結在半徑300萬光年範圍內的星系群，稱為本星系群。銀河系和仙女座星系的周圍都有許多矮星系存在。

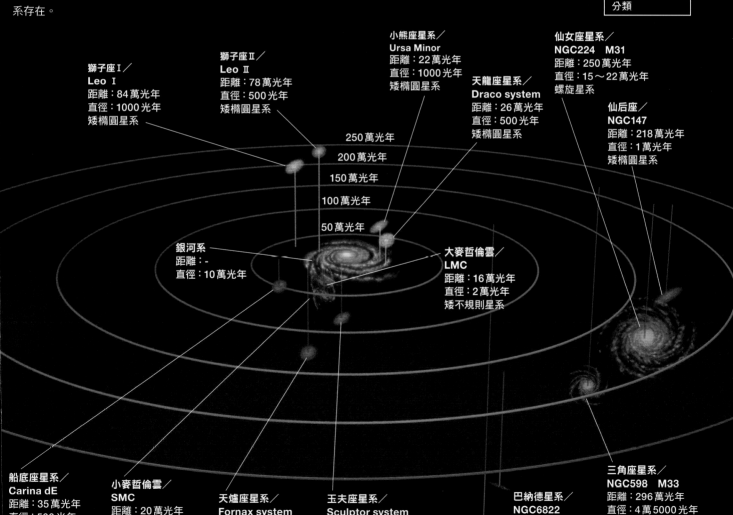

圖例

名稱／星系名稱
距離
直徑
分類

獅子座Ⅰ／
Leo Ⅰ
距離：84萬光年
直徑：1000光年
矮橢圓星系

獅子座Ⅱ／
Leo Ⅱ
距離：78萬光年
直徑：500光年
矮橢圓星系

小熊座星系／
Ursa Minor
距離：22萬光年
直徑：1000光年
矮橢圓星系

天龍座星系／
Draco system
距離：26萬光年
直徑：500光年
矮橢圓星系

仙女座星系／
NGC224　M31
距離：250萬光年
直徑：15～22萬光年
螺旋星系

仙后座／
NGC147
距離：218萬光年
直徑：1萬光年
矮橢圓星系

250萬光年
200萬光年
150萬光年
100萬光年
50萬光年

銀河系
距離：－
直徑：10萬光年

大麥哲倫雲／
LMC
距離：16萬光年
直徑：2萬光年
矮不規則星系

船底座星系／
Carina dE
距離：35萬光年
直徑：500光年

小麥哲倫雲／
SMC
距離：20萬光年
直徑：1萬5000光年
矮不規則星系

天爐座星系／
Fornax system
距離：48萬光年
直徑：3000光年
矮橢圓星系

玉夫座星系／
Sculptor system
距離：27萬光年
直徑：1000光年
矮橢圓星系

鯨魚座／
IC1613
距離：243萬光年
直徑：1萬2000光年
矮不規則星系

巴納德星系／
NGC6822
距離：157萬光年
直徑：8000光年
矮不規則星系

三角座星系／
NGC598　M33
距離：296萬光年
直徑：4萬5000光年
螺旋星系

比星系群更大的星系集團

像我們銀河系所屬的本星系群這樣，由3個以上、數十個以下的星系集結而成的集團，稱為「星系群」（group of galaxies）。如果是在1000萬光年左右的範圍內，有超過100個星系集結成為集團，則稱為「星系團」（cluster of galaxies）。星系團是比星系群更大的星系集團。

截至目前為止，全天有將近1萬個星系團收錄到目錄裡面。最靠近銀河系的星系團是距離地球5400萬光年的「室女座星系團」。其他的近距離星系團還有距離1億3000萬光年的「唧筒座星系團」、距離3億2100萬光年的「后髮座星系團」等。這些星系團顧名思義，大多是以各自所在位置的星座來命名。

星系團裡面的星系分布所呈現出來的形狀多彩多姿。后髮座星系團是接近圓形的規則形狀，室女座星系團則是不規則形狀。絕大多數星系團會放射出X射線，這是被閉鎖在星系團裡面的高溫氣體放出的熱輻射。

在室女座方向看到的星系團

室女座星系團的直徑為1000萬光年。由螺旋星系、橢圓星系、不規則星系等共約2500個星系組成。幾乎看不到往星系團中心區集中的情況，呈現不規則的形狀。

室女座星系團離地球非常近，所以有許多明亮的星系，梅西爾目錄（第45頁）中就收錄了M49（目視星等9.3等）、M60（9.8等）、M104（9.3等）等16個星系。光是比13等明亮的星系就超過150個左右。

在室女座星系團的中心，有一個以活躍星系（第137頁）而聞名的橢圓星系M87。這是一個質量達到銀河系數十倍的龐然巨物。中心核噴出熱氣體的噴流，噴流放射出強力的電波。2019年，國際合作觀測計畫「EHT」使用全球8處的電波望遠鏡，釐清M87的中心有一個質量為太陽65億倍的黑洞。

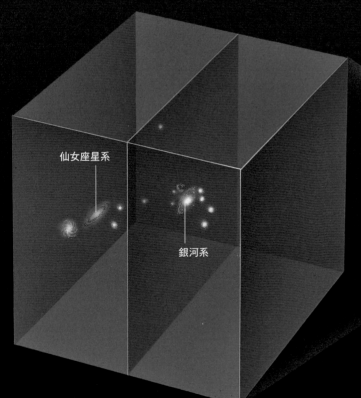

仙女座星系

銀河系

室女座星系團

本星系群（邊長為600萬光年）
我們的銀河系和大小麥哲倫雲、仙女座星系等鄰近星系組成比較小的集團，稱為「本星系群」。圖中央描繪的面代表銀河面（表示天體分布之際作為基準的平面）。

超星系團（邊長為3億光年）
銀河系所屬的本星系群和鄰近的室女座星系團等星系集團組成「室女座超星系團」，本圖所示為這個大集團的一部分。銀河系位於室女座超星系團的邊陲地帶。

超星系團和巨洞構成的宇宙泡狀結構

比星系團更大的集團體系稱為「超星系團」（super cluster），由多個星系群或星系團組成，大小超過 1 億光年以上。距離銀河系約 1 億光年以內的星系以室女座星系團為中心，組成「室女座超星系團」。其他已知的超星系團還有后髮座超星系團、英仙座-雙魚座超星系團等等。

宇宙中有些區域宛如空洞一般，有超過 1 億光年以上裡頭幾乎沒有任何星系存在，這樣的空間稱為「巨洞」（void）。超星系團呈絲狀或板狀，彷彿包住巨洞般分布在巨洞的周圍。這種由超星系團和巨洞組成的結構可能遍布整個宇宙，就好像無數個泡泡連結在一起，這樣的結構稱為「宇宙大尺度結構」（large-scale structure）。

1980 年代末期，美國天文學家蓋勒（Margaret Geller，1947～）等人建立了「宇宙地圖」。其中明白地顯示出星系密集的牆壁「巨牆」（Great Wall）和巨洞，證實了宇宙大尺度結構的存在。

宇宙大尺度結構

超星系團在宇宙空間中呈網狀分布，形成了許多網眼。網眼包圍的地方是幾乎沒有任何星系存在的空洞，稱為「巨洞」。網的範圍和巨洞的直徑廣達數億光年。

就算星系互撞，恆星也不會相撞

我們的銀河系屬於「本星系群」這個星系集團。本星系群在半徑大約300萬光年的範圍內，聚集超過50個星系。

銀河系的直徑約10萬光年，銀河系附近幾個星系和銀河系之間的距離，都是該直徑的幾倍而已。例如，大麥哲倫雲離銀河系只有16萬光年。也就是說，星系在宇宙中的分布相對於其大小而言，可說是相當密集。因此，星系與星系發生碰撞並不罕見。事實上，目前已發現了許多正在碰撞的星系。

恆星與恆星之間有星際氣體存在。當星系互相碰撞，星際氣體便會撞在一起，使得密度提高，因而活躍地形成新恆星。這種情形稱為「星爆」（star burst）。

如圖所示，當兩個大型星系撞在一起時，星系的形狀會大幅扭曲，並且非常活躍地形成新恆星。碰撞後的兩個星系會一度分離，隨後又藉彼此的重力互相吸引，再次撞在一起。這樣的碰撞過程可能會反覆發生好幾次，導致整個星系都在活躍地形成新恆星，最後把星際氣體消耗殆盡，成為一個巨大的橢圓星系。

另一方面，如果是大型星系和小型星系發生碰撞，則會先在碰撞的部位活躍地形成新恆星，然後星爆從該處徐徐地擴展到整個螺旋。最後誕生出許多新恆星，因而形成了明亮華麗的旋臂。

雖然星系和星系互撞，但恆星和恆星卻幾乎不會撞在一起。這是因為恆星之間的間隔相對於恆星本身的大小，可謂相當遙遠。例如，太陽的半徑為69萬6000公里，但離太陽最近的恆星半人馬座 α 星C（比鄰星）卻遠在39兆7300億公里（約4.2光年）之外。也就是說，太陽到這顆恆星的距離是太陽本身大小的3000萬倍。

1. 兩個星系逐漸接近

2. 兩個星系更加接近

在碰撞的部位活躍地形成新恆星。

3. 兩個星系發生大碰撞

星系與星系的大碰撞

圖為兩個大型螺旋星系藉由彼此重力互相吸引而撞在一起的情景。兩者一邊變形一邊靠近，最後發生碰撞。在碰撞的部位，星際氣體受到壓縮，因而活躍地形成恆星。

在螺旋星系的中心區可能有個巨大的黑洞。當星系發生碰撞時，這些黑洞可能會像聯星一樣互相繞著對方旋轉，越轉越靠近，在歷經數十億年以上的漫長時間之後，融合成一個黑洞。

銀河系將會與仙女座星系相撞

仙女座星系距離地球約250萬光年，與銀河系及其他幾個星系藉由重力集結成「本星系群」。

在本星系群裡的星系之中，仙女座星系和我們銀河系的規模遠遠大於其他星系。因此，周邊的小星系可能遲早都會被仙女座星系和銀河系吞噬合併。

例如，環繞銀河系旋轉的大小麥哲倫雲等等，極有可能會被拉向銀河系，最後與銀河系發生碰撞、合併。M32（NGC221）和NGC205這兩個橢圓星系是仙女座星系的伴星系，仙女座星系可能也會藉由重力吸引這兩個伴星系靠攏，反覆地碰撞和合併。

而在遙遠的未來，仙女座星系和銀河系本身可能也會碰撞、合併。觀測結果顯示，實際上仙女座星系和銀河系正以秒速約109公里的速度接近當中。

如果銀河系和仙女座星系撞在一起，銀河系的外貌會完全變形，成為一個巨大的橢圓星系。但是，即使是兩個巨大星系合併之際，恆星與恆星發生碰撞的機率也是微乎其微。再者，銀河系和仙女座星系反覆碰撞而最終成為巨大橢圓星系這件事，要到大約60億年後才會發生。

如果屆時太陽系依然健在，而且我們也照樣存在於地球的話，夜空又會變成什麼景況呢？

銀河系和仙女座星系發生碰撞
銀河系和仙女座星系碰撞的場景想像圖。仙女座星系徐徐地向銀河系靠近。兩個大型螺旋星系撞在一起的話，銀河圓盤會被彼此的重力作用摧毀。碰撞導致星際氣體強烈地互相撞擊，令大部分星際氣體形成新的恆星。最後，兩個星系可能會合併成一個巨大橢圓星系。

明亮程度為太陽 1 兆倍的天體

「類星體」（quasar）是一種在數十億光年的遠方，以太陽 1 兆倍亮度發光的天體，也稱為「似星體」。由於看似恆星又放出電波，所以將其命名為類似恆星狀天體（QSO，quasi-stellar object）或類似恆星狀電波源（quasistellar radio sources），後來簡稱為類星體。

1963年第一個發現的「類星體3C273」距離地球約24億光年，後來又陸陸續續發現更多類星體，現在已觀測到大約130億光年遠的類星體。

類星體的母體為星系，從中心核以噴流的形式放出龐大能量。能量的來源可能是超大質量黑洞。其中心有個巨大的黑洞，吸入物質時會釋放出重力位能。

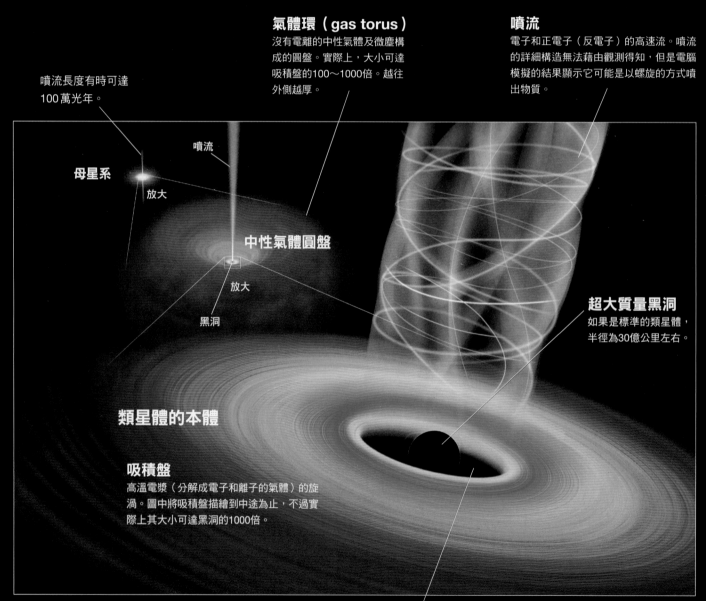

氣體環（gas torus）
沒有電離的中性氣體及微塵構成的圓盤。實際上，大小可達吸積盤的100～1000倍。越往外側越厚。

噴流
電子和正電子（反電子）的高速流。噴流的詳細構造無法藉由觀測得知，但是電腦模擬的結果顯示它可能是以螺旋的方式噴出物質。

噴流長度有時可達100 萬光年。

噴流

母星系

放大

中性氣體圓盤

放大

黑洞

類星體的本體

超大質量黑洞
如果是標準的類星體，半徑為30億公里左右。

吸積盤
高溫電漿（分解成電子和離子的氣體）的旋渦。圖中將吸積盤描繪到中途為止，不過實際上其大小可達黑洞的1000倍。

類星體的本體
以三階段的比例尺描繪現在所推測的類星體構造。

空隙
吸積盤從黑洞半徑 3 倍左右的地方開始，其近側幾乎沒有任何物質存在。因為在該區域中，物質會因為黑洞的重力一下就被吸入黑洞。

從中心放出高能量電磁波的星系

　　一般星系是從恆星、星際微塵、星際氣體等構成要素放出能量，但有些星系則是從不同的來源放出能量。例如，可能是從星系的中心核放出高能量電磁波。這個非常狹窄的中心區域稱為「活躍星系核」（active galactic nucleus），擁有這種活躍星系核的星系就稱為「活躍星系」（active galaxy）。

　　活躍星系可依其輻射的特徵分為幾個類別。進行光學觀測時與一般星系沒有兩樣，但利用電波觀測即可看到顯示爆炸現象的強烈輻射，這種活躍星系稱為「電波星系」（radio galaxy）。電波星系絕大多數為橢圓星系，放出的電波強度為一般星系的100萬倍左右。代表性電波星系是在可見光波段擁有兩個強力電波源的「雙瓣電波源」，天鵝座A可能就是這種天體。

　　放出強烈的電波和X射線，且可見光的偏光很強，這種活躍星系稱為「耀變體」或「耀星體」（blazar），大多是橢圓星系。

　　利用可見光進行觀測時，會看到由高速氣體發出的光譜線（明線），這種活躍星系稱為「賽弗星系」（Seyfert galaxy），絕大多數是螺旋星系。爆炸性地孕育出恆星的「星爆星系」（starburst galaxy）也會發出氣體的明線，但氣體的運動速度比賽弗星系小得多。類星體可以說是活動度最高的活躍星系。

　　從地球上可以觀測到這些活躍星系各有不同，但也有人認為或許是活躍星系相對於地球方向不同所致，其實全部都是相同的東西。但它們是不是發生了相同的現象，就不得而知了。

賽弗星系之一「圓規座星系」
賽弗星系的特徵是中心非常明亮，可以看到從中心區域噴出的高速氣體所發出的光譜線（明線）（圖中粉色部分）。

「VERA」計畫的精密測定釐清了銀河系的真實面貌

自1950年代的天文觀測以來，一直認為銀河系是個螺旋星系。然而，我們並不清楚其細部構造，始終無法得知銀河系的真正面貌。

為了釐清銀河系的真實面貌，「測量銀河系內天體距離」的活動如火如荼地展開。正確測量從地球到銀河系內恆星及氣體雲的距離，再根據這些位置資訊繪製精密的銀河系地圖。

為了正確測量銀河系內的天體距離，利用「VLBI」（very-long-baseline interferometry，特長基線干涉測量法）這種觀測方法即可測量極小的「周年視差」（下圖）。VLBI是使用地面的電波望遠鏡偵測發出強力電波的「類星體」，藉以測定地球到天體的距離。

日本也有一項「VERA」（VLBI Exploration of Radio Astrometry，特長基線干涉法無線電天文探測）計畫，是使用4座電波望遠鏡進行高性能VLBI觀測。VERA能以10萬分之1角秒（1角秒為3600分之1度）的精確度※測量周年視差，最遠可測得大約3萬光年的距離。

VERA和美國的觀測團隊測量了銀河系星系臂內超過100氣體雲的距離。這種氣體雲是孕育重恆星的區域，稱之為「大質量恆星形成區」。觀測團隊原本以為它們位於太陽系所在的「獵戶座臂」的鄰近星系臂，不料測量數十個氣體雲的正確位置之後，才發現其實是位於獵戶座臂裡面（下圖）。

獵戶座臂原先一直被認為不是「大臂」，而是「低一階」的「弧」。但是，在發現觀測的氣體雲位於獵戶座臂之後，才明白獵戶座臂的長度超過2萬光年，是以往推估的4倍以上。而且，也知道了大質量恆星形成區的密度大得足以與大臂匹敵，臂的捲繞程度也和大臂一樣強。也就是說，把獵戶座臂列為「大臂」的可能性出現了。觀測結果也顯示，獵戶座臂分岔出一條搭在獵戶座與人馬座－船底座臂之間的短弧（下圖紅圈）。

大臂的數量增加或新發現分岔的弧，意謂著銀河系有可能不是以往所推測的完美螺旋構造。在這個狀況下，銀河系的演化腳本可能也會有所不同。

※：這個角度相當於從東京車站遠眺在富士山山頂者其頭髮10分之1的粗細。

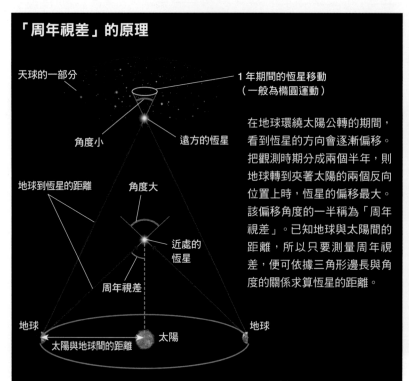

「周年視差」的原理

天球的一部分

1年期間的恆星移動（一般為橢圓運動）

角度小
遠方的恆星

地球到恆星的距離
角度大

近處的恆星

周年視差

地球
太陽與地球間的距離
太陽
地球

在地球環繞太陽公轉的期間，看到恆星的方向會逐漸偏移。把觀測時期分成兩個半年，則地球轉到夾著太陽的兩個反向位置上時，恆星的偏移最大。該偏移角度的一半稱為「周年視差」。已知地球與太陽間的距離，所以只要測量周年視差，便可依據三角形邊長與角度的關係求算恆星的距離。

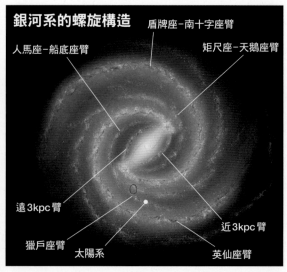

銀河系的螺旋構造

盾牌座－南十字座臂
人馬座－船底座臂
矩尺座－天鵝座臂
遠3kpc臂
近3kpc臂
獵戶座臂
太陽系
英仙座臂
O

現在一般認為的銀河系螺旋構造。根據這次觀測，獵戶座臂或許有望改列為與「英仙座臂」、「盾牌座－南十字座臂」同階的大臂。紅圈處為發現了從獵戶座臂分岔出來的構造的區域。

從太空測量超過10億顆恆星距離的定位天文衛星「蓋亞號」

除了氣體雲之外，全球也在進行恆星距離的測量。2013年，ESA發射了定位天文衛星「蓋亞號」（Gaia），在不受地球大氣干擾的宇宙空間，利用周年視差測量天體的距離。蓋亞號要測量超過10億顆恆星的距離和移動，這相當於整個銀河系所有恆星的1%左右。

蓋亞號是在幾年的時間內，以1年約8次的頻率拍攝同一顆恆星，藉此取得各顆恆星的移動軌跡。恆星在天球面上的軌跡一般為螺旋運動，是由「自行」（一般為直線運動）和地球公轉造成的目視年週期橢圓運動（左頁圖）組合而成。也就是說，只要調查軌跡，便可以根據橢圓運動的大小得知周年視差（即地球到恆星的距離），也可以根據直線運動的大小得知自行。

利用這個方法，蓋亞號最終能夠測量比20等更亮的恆星距離和運動。第1次工作報告於2016年9月提出，公布了11億4200萬顆恆星的方向和目視星等的相關資料。在這些資料之中，包括對ESA發射的前代定位天文衛星「依巴谷號」（Hipparcos）所觀測的200萬顆恆星軌跡做了後續追蹤，以更高的精確度求得距離和自行。

第2次工作報告於2018年4月提出，公布了測量精確度比第1次更高的距離和自行的資料。2020年12月首次公布了第3期的資料，2022年將做第2次公布（第3期的剩餘資料）。第3期的資料比2018年公布的資料增加1億顆以上，總共有超過18億顆天體的資料。

天文衛星蓋亞號
ESA於2013年12月發射的天文衛星，目的是測量大約10億顆恆星的位置，製作天河內的3D地圖。

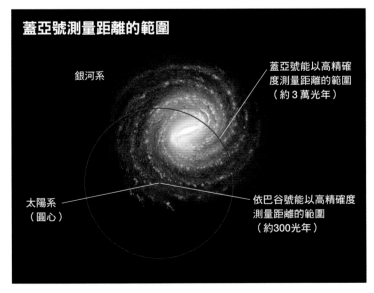

蓋亞號能利用可見光以高精確度測量約3萬光年的範圍，觀測精確度比前代的依巴谷號提升2個位數。

5 宇宙觀測的最前線

天文學的研究藉由宇宙的觀測而獲得了飛躍性的進步。現在,為了進一步揭開宇宙的神祕面紗,世界各地都在積極開發各種具備獨特能力的高性能探測器和望遠鏡。

在本章,將介紹以往的觀測技術的歷史,還有現今正在服役中,以及未來預定上陣的各種探測器和望遠鏡。

各國爭相進行太空開發的機構

NASA

NASA（National Aeronautics and Space Administration，美國國家航空暨太空總署）是美國主導太空開發的機構。1958年10月開始活動。我們對宇宙的認知一直隨著NASA的宇宙探測腳步而逐漸擴展。

NASA陸陸續續實現了阿波羅計畫的人類首次登陸月球，以及往返於太空的太空梭等，其他國家難以望其項背的成就。目前正在積極進行的應該是火星探測。先前已經把勇氣號（Spirit）、機會號（Opportunity）這2輛自走式探測器送上火星表面，現在則有火星科學實驗室好奇號（Curiosity）正在傳回火星的詳細影像。洞察號（InSight）與毅力號（Perseverance）分別在2018年11月、2021年2月先後登上火星表面。

NASA秉持的精神就是「了解並保護我們居住的這顆行星。探測宇宙，探索生命的起源。鼓舞下一代的探求心……。唯有NASA才能做到這些」。

ESA

和NASA一樣積極投入太空開發領域的機構為ESA（European Space Agency，歐洲太空總署）。在太空開發這個領域，以往一直是美國和前蘇聯在激烈競爭。為了與這些巨人抗衡，歐洲各國於1975年共同創立了ESA。其中，法國扮演了主要的角色。ESA在國際合作之下，積極與NASA共同開發探測器。

火星探測器火星快車號、金星探測器金星快車號就是很好的例子。還有，裝載於NASA的土星探測器卡西尼號、在土衛六降落的惠更斯號，也都是ESA開發的產品。ESA的羅塞塔號則是一邊追蹤楚留莫夫-格拉希門克彗星（Churyumov-Gerasimenko），一邊傳回詳細的影像。此外，亦與日本合作進行水星探測計畫貝皮可倫坡號。

Roscosmos

Roscosmos（俄羅斯航空太空活動國有公司）是俄羅斯負責太空開發的國營企業，通稱俄羅斯航太。前蘇聯時代的俄羅斯和美國在太空領域並駕齊驅，領先全球的太空開發。在前蘇聯瓦解後，為了繼承太空開發事業，設立了俄羅斯太空局。後來，歷經俄羅斯航空暨太空局及俄羅斯聯邦太空總署，於2016年設立了Roscosmos。

自從2011年太空梭退役後，俄羅斯成為唯一能夠載送人員登上國際太空站的國家。但是，由於太空開發的預算遭遇財政危機而被削減、火箭發射失敗等問題接踵而至，使得俄羅斯的太空開發接連受挫。為了重振聲威，Roscosmos被寄予厚望。

CNSA

CNSA（China National Space Administration，中國國家航天局）是中國負責太空開發的機構。不過，在軍事運用方面，則由軍方管轄。

最近中國在太空開發方面非常積極。2003年發射神舟5號，成為繼蘇聯及美國之後全球第3個載人太空飛行成功的國家。現在正在進行的是月球探測計畫。2013年時，派遣探測器在月面軟著陸成功，並且採集樣本攜回地球。

ISRO

ISRO（Indian Space Research Organisation，印度太空研究組織）是印度負責太空開發的國家機構。截至目前為止，已經進行了月面探測，而且是亞洲第一個派遣探測器前往火星的國家。印度積極地發展使用火箭發射衛星的太空商業，由於人事成本低廉等因素而相當具有競爭力。

JAXA

JAXA（Japan Aerospace Exploration Agency，日本宇宙航空研究開發機構）是日本負責航空太空開發政策的研究開發機構。擔負的任務繁多，包括在太空與地面之間執行運送工作的火箭開發及運用、觀測地球與宇宙天體的人造衛星及探測器的開發及其探測任務、國際太空站的建設及太空人的派遣等。2014年發射自行開發的小行星探測器「隼鳥2號」成功著陸於小行星「龍宮」，並於2020年採集樣本攜回地球。

憑藉人類的智慧與勇氣達成的前往月球載人飛行

截至1960年代為止，前蘇聯和美國在太空開發領域展開了激烈的競爭。不過，在人造衛星的發射和載人太空飛行等重大事件上，始終是前蘇聯略勝一籌。為了打破這個劣勢，美國開始推行把人類送往月球的計畫。1961年，當時的甘迺迪總統宣布要在10年之內把人類送上月面。

基於這項宣言而啟動的就是「阿波羅計畫」（Project Apollo）。一開始是使用無人指揮船和機械船不斷地進行試驗飛行，直到1968年10月，3名太空人搭乘阿波羅7號完成了環繞地球的試驗飛行。繼這項成就之

後，同年12月阿波羅8號發射升空飛向月球，環繞月球10圈之後返回地球。船上的3名太空人成為第一批能夠從宇宙空間看到地球全貌的人類，他們拍下「地出」令人感動的相片，把當時的地球面貌記錄下來。其後，9號和10號先後完成指揮船和機械船的最後測試，月球軌道上的測試也圓滿結束，終於進入了月面登陸的階段。

1969年7月，阿波羅11號發射升空。7月20日，指揮官阿姆斯壯（Neil Armstrong，1930～2012）和太空人艾德林（Buzz Aldrin，1930～）站上了月球的

表面，這是人類首次在其他天體留下腳印。當時全世界有無數民眾透過電視實況轉播見證了這個瞬間。

後來，到1972年12月的阿波羅17號為止，總共有12個人登上月面。

14號在月面設置了地震儀。15號帶去月面車，大幅擴展了在月面的行動範圍。月球岩石的收集量因此而增加，總共帶回了382公斤的月球岩石。

雖然阿波羅計畫大致上順利進行，但也曾經發生重大事故，那就是被拍攝成電影的「阿波羅13號」。阿波羅13號在飛往月球的軌道上發生了液化氧槽爆炸事故，不僅無法登上月面，飛行計畫本身也瀕臨危機。NASA全體動員排除萬般困難，終於讓3名太空人平安返回地球。後來，這個事件被稱為「光榮的失敗」，因為「比起11號登陸月面，冷靜而正確地處理13號的事故的方式，更加證明了美國的科學技術實力」。

阿波羅16號的太空人杜克（Charles Duke，1935～）在普拉姆隕石坑（Plum Crater）的邊緣採集岩石。在月面度過3天。背後可看到從著陸地點搭乘來此地的月面車。太空衣被月面風化層表土弄髒了。

人類送到最遠處的2架探測器

1977年，木星、土星、天王星、海王星來到能進行高效率連續觀測的難得位置。尤其在此之前都沒有觀測天王星和海王星的機會，因此美國把握住這個千載難逢的良機，派出了探測器「航海家1號」（Voyager 1）和「航海家2號」（Voyager 2）。這兩架探測器都拍攝了外行星的鮮明影像，並且發現了新的衛星和環等等，獲得極大的探測成果。

航海家1號和2號分別於2012年和2018年飛出了太陽的影響能及的太陽圈。它們至今仍在太陽圈外的宇宙空間順利地飛行著，航海家1號飛到距離太陽約158au（天文單位）的地方，航海家2號則飛到131au的地方（2022年10月），成為飛到最遠處的人造物體。

它們配備的原子能電池將在2025年前後結束壽命，在此之前應該仍可持續觀測周圍的環境，並把觀測結果以極其微弱的電波發送至地球。

如下圖所示，航海家號攜帶了金質唱盤，以備遇到智慧生命體的時候，能夠告知對方地球擁有這樣的文明。

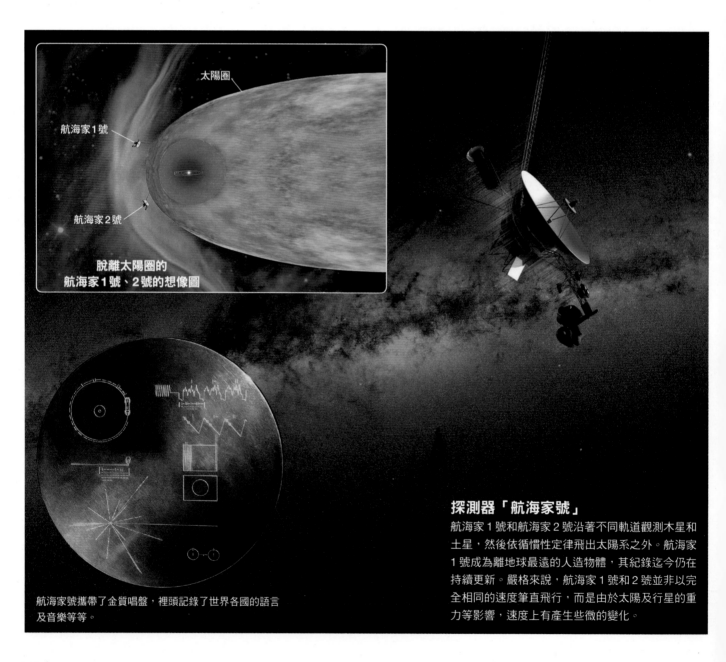

脫離太陽圈的
航海家1號、2號的想像圖

太陽圈

航海家1號

航海家2號

航海家號攜帶了金質唱盤，裡頭記錄了世界各國的語言及音樂等等。

探測器「航海家號」

航海家1號和航海家2號沿著不同軌道觀測木星和土星，然後依循慣性定律飛出太陽系之外。航海家1號成為離地球最遠的人造物體，其紀錄迄今仍在持續更新。嚴格來說，航海家1號和2號並非以完全相同的速度筆直飛行，而是由於太陽及行星的重力等影響，速度上有產生些微的變化。

第一次詳細觀測水星的探測器

　　水星離太陽太近，對於探測器來說是個過於嚴苛的環境，因此以往一直是個無法進行充分觀測的行星。除了嚴峻環境的因素，也由於水星的體積非常矮小，讓探測器投入環繞軌道的作業更加困難。因此，美國在1974～1975年期間派出的水手10號，就成了截至目前為止唯一近距離觀測過水星的探測器。但是，水手10號只拍攝了水星表面的45%。

　　對於這樣的水星，美國滿懷期待地派出了探測器「信使號」（MESSENGER）。信使號於2004年8月發射，為了節省燃料，一再利用地球、金星及水星進行拋擺（swing by），足足飛了79億公里，終於抵達最短距離才1億公里的水星。2011年3月順利投入水星的環繞軌道，2015年結束任務墜落水星，總共繞行水星超過3000圈。

　　水手10號的探測只探索了水星的物理性質，而信使號連磁場、大氣也做了詳細的觀測。藉此，我們得以更深入地了解水星。

探測周邊環境的探測器和探索水星表面的探測器

　　現在，JAXA和ESA正在合作推行第3個水星探測計畫「貝皮可倫坡號」（BepiColombo）。該計畫名稱源自於義大利天文學家可倫坡（Giuseppe Colombo，1920～1984），以紀念他在水星探測上建立的功績，例如決定水手10號的軌道等。

　　貝皮可倫坡號預定把2架探測器送到水星。一架是JAXA開發的水星磁層探測軌道器（MMO，Mercury Magnetospheric Orbiter，暱稱MIO），預定詳細觀測水星周邊的磁場及電漿、大氣、微塵等，尤其是太陽風對水星的影響。

　　另一架是ESA開發的水星表面探測軌道器（MPO，Mercury Planetary Orbiter），預定觀測水星表面的地形及礦物、土壤成分，也將觀測重力及磁場。此外，MIO和MPO將從2個不同地點同時測定磁場，以求更精密地偵測水星的磁場，企圖釐清水星磁場的存在機制。

　　探測器在2018年10月20日發射，預定2025年12月抵達水星。抵達水星後，MIO和MPO將分開，分別執行各自的任務。

信使號為了保護本體避免受到太陽的高溫侵害，用耐熱板覆蓋朝向太陽的一側。

水星磁層探測軌道器「MIO」的觀測示意圖。這項探測計畫是對水星本體的磁場及磁層、其內部及表層進行多元化觀測。

觀測金星大氣的2架探測器

金星在緊臨地球內側的軌道上公轉，大小與地球不相上下，也被稱為地球的兄弟行星。不過，金星的環境卻和地球有著天壤之別。

金星被主要成分為二氧化碳的濃厚大氣所包覆。金星的大氣壓非常高，地表高達90大氣壓。

金星大氣的上層不停地吹颳著稱為「超旋轉」（super rotation）的強風。超旋轉的速度可達秒速100公尺，比金星的自轉速度還要快上許多。

ESA發射「金星快車號」（Venus Express）的目的，就是觀測這種使金星極具特色的大氣等。2006年5月，金星快車號投入了環繞金星北極和南極的極軌道，順利地展開各項調查工作，直到2014年12月才結束觀測任務。

JAXA的「破曉號」（Akatsuki）原本預定2010年投入金星的環繞軌道，可惜失敗了。2015年再度投入成功，開始接手金星快車號的任務。

破曉號想要釐清超旋轉這類無法利用地球氣象學加以說明的大氣現象。要維持這個超旋轉，需要某種力才行，但目前仍有待調查。

不過，依據破曉號拍攝的影像可求得金星大氣的風速分布和溫度，因而獲得了重大的發現。大氣由於白天被加熱、夜晚被冷卻，反覆地膨脹與收縮，因而產生流動的現象稱為「熱潮汐」（thermal tide）。根據觀測到的風速分布進行計算的結果，可知金星的超旋轉是熱潮汐引發的現象。金星的自轉速度慢，而且日夜溫差大，超旋轉就成了有效率地傳導熱的機制。破曉號也是史上第一架金星氣象觀測衛星，建立了極大的功績，迄今仍在持續觀測中。

ESA派出的「金星快車號」。為期8年對金星的大氣組成、金星周邊的電離大氣等進行詳細的觀測。

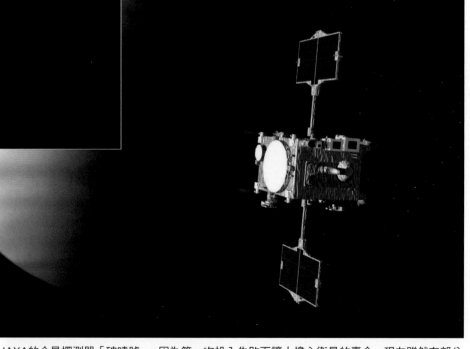

JAXA的金星探測器「破曉號」。因為第一次投入失敗而讓人擔心衛星的壽命，現在雖然有部分照相機停止觀測，但大致上仍順利地持續觀測中。

在火星上自行邊走邊探測的實驗室

有輛如今正在火星上自行邊走邊探測的探測車——「火星科學實驗室號」（Mars Science Laboratory），也暱稱為「好奇號」。

好奇號的重量為900公斤、長度3公尺，雖然外觀與一輛輕型車差不多大，但其重量已經是先前著陸於火星的探測車勇氣號和機會號的5倍。

正如其正式名稱所示，好奇號是一個對火星做科學分析的「實驗室」。其本體配備了各式各樣的觀測及測量機器。好奇號在蓋爾隕石坑（Gale Crater）裡面的伊奧利亞沼（Aeolis Palus）著陸之後，便時而避開、時而橫越火星的荒涼地形前進。在這期間發現了疑似水流造成的地形，也挖掘了直徑1.6公分、深6.4公分的洞穴採集樣本。

雖然鋁製車輪已經出現了裂痕，但未來仍會繼續把火星的驚人面貌呈現在我們眼前。

火星首次採樣攜回計畫探索生命的痕跡

NASA的火星探測器「毅力號」於2020年7月30日發射升空，2021年2月19日抵達火星，著陸於「耶澤羅隕石坑」（Jezero Crater）。

這架探測器最大的目的是採集火星樣本攜回地球，以求取火星上曾經有生命存在的直接證據。毅力號著陸的地點以前可能有湖泊存在，或許殘留著古代微生物的痕跡。毅力號將在耶澤羅隕石坑採集的土壤樣本裝入容器，置於地表。現在，NASA和ESA正在合作開發把毅力號採集的樣本帶回地球的探測器。如果計畫進行順利，則2031年人類將可首次取得火星的樣本。

除此之外，毅力號也配備了一些特殊的裝置，其中之一是著眼於未來的載人火星探測，能把火星的二氧化碳轉化成氧的實驗裝置「MOXIE」（Mars Oxygen In-Situ Resource Utilization Experiment，火星氧氣原位資源利用實驗）。另一個是小型直升機「機智號」（Ingenuity），目的是進行飛行控制實驗，以便取得將來在火星進行探索及運送小型貨物等的飛行技術。

在火星默默地進行探測及觀測的火星科學實驗室號（好奇號）。它帶來的成果也將運用在未來的火星載人探測上。

在火星上，小型直升機「機智號」脫離毅力號，從事飛行實驗的示意圖。

克服重重難關，終於完成第一次月球以外的採樣攜回任務的日本小行星探測器

2003年5月9日，日本的小行星探測器「隼鳥號」於鹿兒島縣內之浦宇宙空間觀測所利用M-V火箭5號發射升空。

隼鳥號的任務是飛往小行星「糸川」，採集糸川的樣本帶回地球（採樣攜回）。自阿波羅計畫帶回月球的岩石以來，再也沒有任何探測器帶回天體的樣本，隼鳥號是為了實證未來採樣攜回所需的技術而開發的探測器。

2005年9月12日，隼鳥號抵達糸川，採集樣本後於2010年6月13日飛回地球，把回收膠囊艙卸離後，衝入大氣層燒毀。在這為期7年的漫長旅途中遭遇了無數困難，幸虧隼鳥號逐一克服這些障礙，總算完成世界首次月球以外的採樣攜回任務。

隼鳥號也測試了多項尖端技術，例如首次採用燃料效能遠高於化學引擎的離子引擎、能在微小重力下採集樣本的採樣筒（sampler horn）等，都是在發射以前毫無先例可循的技術。

如今正在對從糸川攜回的樣本進行詳細分析，也陸續公布了相當有趣的研究結果。

隼鳥號配備的機器

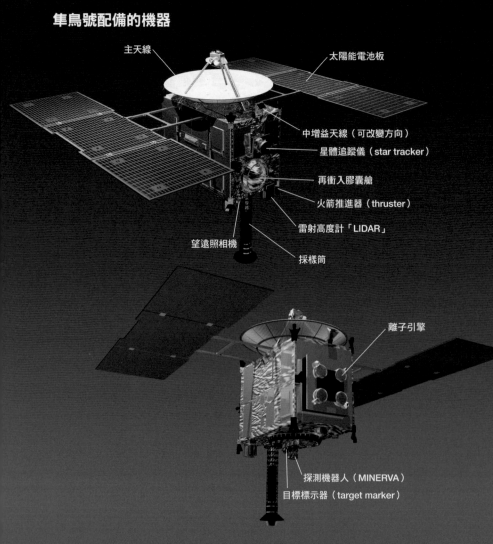

主天線
太陽能電池板
中增益天線（可改變方向）
星體追蹤儀（star tracker）
再衝入膠囊艙
火箭推進器（thruster）
雷射高度計「LIDAR」
望遠照相機
採樣筒
離子引擎
探測機器人（MINERVA）
目標標示器（target marker）

採樣筒

在採樣攜回的任務中，用於採集樣本的重要裝置。長約1公尺，中段做成蛇腹構造（發射升空時收納著）。前端一接觸到小行星就會發射彈頭，擊碎小行星表面並採集碎片。

膠囊艙

大小和炒鍋差不多。內部裝著從小行星表層採集的樣本。耐熱殼用耐熱材包覆著，當再度衝入大氣層時耐熱材會被熱分解，發揮抑制加熱的作用。

雷射高度計「LIDAR」

LIDAR（light detection and ranging）意為光感測與測距。用於發射雷射脈衝，藉此測定隼鳥號與小行星的距離。也是著陸時尤其重要的裝置。測定距離的範圍很廣，為50公里～50公尺。

離子引擎（配備4具）

隼鳥號的主要推進裝置。燃料效能良好，但推進力弱。把推進劑的氙轉化為帶正電荷的氙離子，再利用高電壓加速，從尾部噴出離子束，藉此產生推進力。此時，只噴出氙離子的隼鳥號會變成帶負電，把噴出的氙離子又吸引回來，因此必須把帶負電荷的電子注入離子束加以中和。

MINERVA

MINERVA（MIcro-Nano Experimental Robot Vehicle for Asteroid）意為小行星微奈實驗機器人載具。搭載於隼鳥號的機器人。當初也有搭載NASA製機器人的方案，但最後只有搭載日本開發的MINERVA。投至小行星，執行拍攝表面等任務。由於小行星的表面狀況不明且重力極小，故以跳躍的方式移動。

目標標示器（配備3具）

從地球出發的時候，無從知曉目的地小行星的表面狀況。是凹凸不平還是一片平坦呢？如果是一片平坦，則隼鳥號的自律程式在掌握自己位置、辨識小行星的運動等方面會比較困難，屆時就需要投放標示器來製造人工標誌。

隼鳥號 7 年的軌跡年表

2003 年
2003 年 5 月 9 日 從鹿兒島縣內之浦發射場利用 M-V 火箭發射升空
2003 年 5 月 28 日 啟動離子引擎
2003 年 7 月 22 日 離子引擎總運作時間達到 1000 個小時

2004 年
2004 年 5 月 19 日 地球拋擺（最接近時高度約 3700 公里）
2004 年 12 月 9 日 離子引擎總運作時間達到 20000 個小時

2005 年
2005 年 2 月 18 日 抵達離太陽最遠的地點（約 2.6 億公里）
2005 年 7 月 29 日 第一次成功拍攝小行星糸川
2005 年 7 月 31 日 1 具反應輪（reaction wheel）故障（剩 2 具）
2005 年 9 月 12 日 靜止於糸川朝地球的方向上距離約 20 公里處（會合）
一邊進行科學觀測，一邊接近糸川
2005 年 10 月 3 日 1 具反應輪故障（剩 1 具）
2005 年 11 月 4 日 進行下降到糸川的預演。偵測到異常而停止下降
2005 年 11 月 9 日 實施了 2 次下降到糸川的試驗。分別到達約 70 公尺、約 500 公尺的高度
卸離目標標示器，但該標示器沒有投放到小行星表面
2005 年 11 月 12 日 再度下降到糸川
卸離 MINERVA，但 MINERVA 沒有投放到小行星表面
2005 年 11 月 20 日 卸離目標標示器
※：該標示器刻有 149 個國家 88 萬人的姓名
該標示器在糸川的「繆斯海」（Muses Sea）著地
再度下降到糸川
在「繆斯海」著陸、起飛
2005 年 11 月 25 日 再度下降到糸川
2005 年 11 月 26 日 第 2 次在「繆斯海」著陸
採集樣本，隨後起飛
2005 年 11 月 27 日 發現化學引擎的推進力降低
2005 年 11 月 28 日 通訊中斷
2005 年 11 月 29 日 通訊恢復
2005 年 12 月 8 日 姿勢變得不穩定
2005 年 12 月 9 日 通訊中斷
恐無法於 2007 年 6 月返回地球，決定延長飛行 3 年

2006 年
2006 年 1 月 23 日 通訊恢復
2006 年 1 月 26 日 自律診斷機能開始回應
※：2005 年 12 月 9 日以後，電源完全關閉，並判斷化學引擎的燃料消耗殆盡
2006 年 2 月 6 日 輸入新的姿勢控制程式（從地球上）
2006 年 3 月 6 日 相隔大約 3 個月，終於能夠推定正確的位置和速度
判斷在離糸川約 1 萬 3000 公里、離地球約 3 億 3000 公里的位置

2007 年
2007 年 4 月 25 日 開始了飛回地球的正式巡航運轉

2009 年
2009 年 2 月 4 日 驅動反應輪
離子引擎再度點火
2009 年 11 月 4 日 偵測到離子引擎發生異常，自動停止
2009 年 11 月 19 日 再度開啟離子引擎的返航運轉
※：這次的再度開啟返航運轉，並非遵循原本的離子引擎設計，而是由多個裝置組合而成

2010 年
2010 年 3 月 27 日 進入了通過離地球中心約 2 萬公里位置的軌道
2010 年 6 月 13 日 返回地球，膠囊艙著陸（隼鳥號本體再度衝入大氣層，燒毀消失）

隼鳥號的後繼機「隼鳥２號」完成了小行星表面及地下的採樣攜回任務

2014年12月，隼鳥號的後繼機小行星探測器「隼鳥２號」（Hayabusa 2）在日本的種子島太空中心發射升空，飛往小行星「龍宮」。

2019年２月隼鳥２號抵達龍宮，隨即進行第一次著陸，成功採集小行星的表面物質。2019年４月卸離撞擊裝置，成功製造了一個直徑約10公尺的人工坑洞。2019年７月進行第二次著陸，成功採集表面物質和地下物質的混合物。這是全世界第一次在小行星的兩個地點採集不同深度的物質。

小行星的表面物質極有可能因為放射線及太陽熱、光等而變質，因此必須嘗試製造人工坑

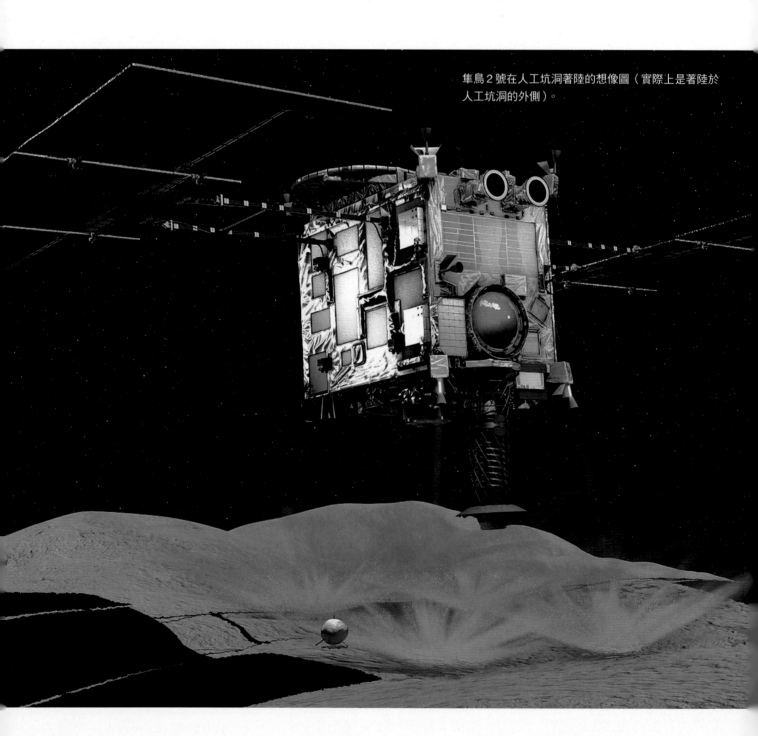

隼鳥２號在人工坑洞著陸的想像圖（實際上是著陸於人工坑洞的外側）。

洞，採集狀態可能比較接近太陽系形成之初時的地下物質。隼鳥號攜回的小行星糸川樣本再大也不過0.3毫米左右，大部分都是僅僅數十微米的微粒子。而隼鳥2號採集的樣本則大多是數毫米的粒子。

龍宮的性質和糸川不一樣，或可期待它擁有許多作為生命原料的有機物。分析採集的物質，可能也有助於探索太陽系的歷史及生命的起源。

從隼鳥2號脫離的膠囊艙於2020年12月6日返回地球。然後，隼鳥2號會再飛離地球，前往型態與糸川及龍宮都不同的小行星。

隼鳥2號任務全程圖

2. 地球拋擺
2015年12月3日
發射後1年內都在接近地球軌道的軌道上飛行。在恰逢1週年時，接近地球進行拋擺。

1. 發射
2014年12月3日
使用H-IIA火箭26號從種子島太空中心發射升空。

3. 抵達小行星，前往靜止位置（home position）
2018年6月27日
抵達小行星上空20公里附近，觀測小行星。

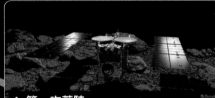

4. 第一次著陸
2019年2月22日
著陸時，從內部發射彈頭，採集小行星的表面物質。

5. 撞擊裝置卸離
2019年4月5日
為了在小行星上製造人工坑洞，在上空卸離撞擊裝置。撞擊裝置的底部為銅板製成，內部裝填炸藥。

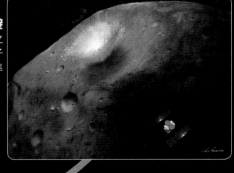

6. 退避
隼鳥2號卸離撞擊裝置之後，躲到小行星的影子裡退避。在退避途中，隼鳥2號卸離分離照相機。

8. 放出膠囊艙
2020年12月6日
隼鳥2號返回地球後，卸離裝有小行星樣本的再衝入膠囊艙。膠囊艙衝入大氣層，下降到距離地面10公里的高空時打開降落傘，著地。

7. 第二次著陸
2019年7月11日
在人工坑洞的周圍著陸，採集地下物質和表面物質的混合物。返回地球。

為了了解太陽系的起源而探測小行星

在火星和木星之間有一個小行星帶，其中聚集著無數個未能成為行星的小型天體。地球等行星在成長變大的過程中，受到了熱及壓力的變質作用，所以幾乎沒有留下任何可得知誕生當時模樣的線索。

在小行星帶中，有許多以岩石為主體的小天體。太陽系的行星，尤其是類地行星，便是以這些小天體為基礎而形成。因此，若想了解行星的起源及成長過程，則探測小行星帶中從太陽系誕生時期迄今未曾改變形質的小天體，將可從中取得非常重要的線索。

為了這個目的而派出去的探測器就是「曙光號」（或稱為黎明號），於2007年發射升空，前往小行星帶中的矮行星「穀神星」和小行星「灶神星」執行探測的任務。穀神星是一個直徑約939公里的球形小天體，可以看到在其表面一個稱為「歐卡托」（Occator）的隕石坑中有兩個發出白色光芒的亮斑。灶神星則是一個馬鈴薯形狀的小天體，直徑446～573公里。

曙光號首先拜訪灶神星。2011年7月投入灶神星的環繞軌道，持續觀測了1年。在這段期間把許多影像傳回地球，根據這些資料可製作灶神星的詳細地圖。

曙光號離開灶神星之後飛往穀神星，隨後於2015年3月順利投入其環繞軌道。和灶神星一樣，也對穀神星進行了詳細的觀測，結果發現在其表面有碳酸鹽礦物及水冰存在。

2016年6月，曙光號圓滿達成主要任務之後，又繞著穀神星持續觀測了一陣子，最後在2018年11月耗盡燃料而與地球斷絕通訊，就此結束任務。

曙光號繞行穀神星的想像圖。曙光號的任務是探測小行星帶的穀神星和灶神星，藉此探索太陽系的起源。

NASA 派出的
小行星採樣攜回探測器

　　繼日本的「隼鳥號」、「隼鳥2號」、NASA的「曙光號」之後，NASA又於2016年9月8日發射了小行星探測器「Osiris-Rex」（Origins, Spectral Interpretation, Resource Identification, Security, Regolith Explorer，太陽系起源、光譜解析、資源識別、安全保障、小行星風化層探索者）。Osiris-Rex的目的地是小行星「貝努」。和隼鳥號及隼鳥2號一樣，Osiris-Rex的任務是在著陸後採集貝努的樣本帶回地球。

　　Osiris-Rex抵達貝努後，拍攝貝努表面的影像、分析其表面，努力蒐集貝努的相關資訊，以便尋找面積夠寬且相對平坦的區域作為著陸地點。2020年10月20日，從上空約800公尺處伸出採樣用機器臂「TAGSAM」，一邊採集樣本一邊著陸。原本依據拍攝的影像，期待或可採集到60公克以上的樣本，但後來確認有一部分粒子漏掉了。

　　Osiris-Rex於2021年5月10日從貝努出發，預定2023年9月24日能把樣本送回地球。其後，Osiris-Rex很有可能再飛往其他天體。

一邊追隨彗星
一邊放出子機著陸

　　以行星為目標而發射升空的探測器不計其數，但是，為了探測彗星而派遣出去的探測器就寥寥無幾了。在這其中，一邊追隨彗星一邊拍攝詳細影像，為我們呈現其樣貌的探測器就是「羅塞塔號」（Rosetta）。羅塞塔號是ESA於2004年發射的探測器，後來因為離太陽太遠，電力供應不足，從2011年6月進入冬眠狀態，直到2014年8月才抵達楚留莫夫-格拉希門克彗星。在這段期間，曾經利用地球進行拋擺，也曾經與接近地球的小行星錯身而過並進行觀測。

　　羅塞塔號搭載著名為「菲萊號」（Philae）的彗星著陸機。羅塞塔號抵達楚留莫夫-格拉希門克彗星後，先繞行彗星進行觀測，尋找適合菲萊號著陸的地點。2014年11月，投下菲萊號著陸。但是，菲萊號著陸時，用來打入地面以輔助固定機身的錨（魚叉）未能正常發揮作用，導致菲萊號彈跳了好幾次，掉進照不到陽光的崖壁下。幸好，隨著彗星逐漸接近太陽，菲萊號的電池復活了，並把採集到的科學資料和機器狀態傳回地球。

　　後來隨著彗星逐漸遠離太陽，地球和菲萊號之間的通訊就中斷了。羅塞塔號則繼續觀測，直到2016年9月墜落於彗星。

Osiris-Rex伸出TAGSAM採集貝努樣本的示意圖。

羅塞塔號把菲萊號投至楚留莫夫-格拉希門克彗星的示意圖。

探索木星真實面貌的最新技術

木星是太陽系最大的行星,其表面的大紅斑和條紋圖案吸引了無數人的目光。木星自航海家號進行觀測之後,美國的探測器「伽利略號」曾在1995年至2003年期間做過詳細的觀測。伽利略號的任務在2003年結束,接手投入木星的探測器就是「朱諾號」。

早期探測器配備的太陽能電池板,當飛到木星軌道附近時產生的電力總是不足。因此,飛往木星及土星的探測器都是使用核能電池作為動力源。不過,朱諾號卻採用大型太陽能電池板以確保電力足夠。

朱諾號於2011年發射,2016年7月投入環繞木星北極和南極的極軌道。朱諾號在這個橢圓軌道上環繞木星一圈要花53天,但是從北極到南極只需2個小時。藉由這2個小時的觀測,朱諾號成功持續拍攝到以往不太熟悉的木星兩極地區的清晰影像,揭露了過往不曾預想到的景象(第92頁)。後來決定把朱諾號的主要觀測任務延長到2021年7月,預定最後將衝入木星的大氣圈解體。

朱諾號不僅以光學方式進行觀測,對於重力、磁場等也做了詳細的觀測,並藉此得知木星的磁場遠比以往所認為的還要強。而且,它的形狀並不規則。木星之所以擁有強弱不均的磁場,可能是因為木星表面附近產生發電機效應(dynamo effect)所致。

ESA主導的大型木星冰月探測計畫「JUICE」(Jupiter Icy Moons Explorer)原本預定在2022年發射探測器,延至2023年4月發射。這架探測器的任務是探測木星的衛星「木衛三」,預定2034年投入木衛三的環繞軌道,調查木衛三內部的海、地質活動、磁場等等。此外,在接近「木衛二」、「木衛四」以及木星的時候,也將調查這些天體。

朱諾號傳回的精細影像呈現前所未見的木星面貌。根據這些觀測結果,木星的核心遠比以往所認為的大上許多,且其外側部分可能是柔軟的。

持續觀測土星13年的探測器的大結局

「卡西尼號」（Cassini）是美國於1997年10月派往土星的探測器。2004年投入土星的環繞軌道，2017年9月15日衝入土星本體，結束了它的生涯。

卡西尼號獲得了許多新發現，也傳回了大量的鮮明影像。其中最值得一提的，應該是它在土星的第2號衛星「土衛二」發現了間歇泉。從冰原的裂縫以間歇泉形式噴出來的水蒸氣和冰粒子，顯示其下方應該有海水存在。由此可知，土衛二極可能有微生物存在。

卡西尼號為了探測籠罩在濃厚大氣之下的衛星土衛六，特地攜帶ESA製造的探測器「惠更斯號」。惠更斯號在2005年1月成功著陸於土衛六，在喪失機能前

的3小時40分鐘內，透過卡西尼號持續把探測資料傳回地球。惠更斯號顯示了土衛六可能擁有液態甲烷和乙烷匯流而成的河川及海洋。那裡是個溫度－180℃的酷寒世界，但惠更斯號也發現了土衛六有生命存在的可能性。

由於卡西尼號在燃料耗盡後將會變得無法控制，為了不影響土衛二和土衛六的環境，於是開始執行衝入土星本體的任務「大結局」（Grand Finale）。它在2017年4月26日第一次移到通過土星本體和土星環之間的軌道上，在2400公里寬的縫隙中環繞了22次，詳細觀測了該區域和土星的磁場及重力。

藉由卡西尼-惠更斯號的探測，出現了土衛六有液態海存在

的可能性。為此，NASA預定將於2026年展開「蜻蜓號」（Dragonfly）任務。這項任務是派遣無人機型探測器，預定2034年抵達土衛六，在土衛六的表面四處飛行、在各式各樣的場所著陸，不斷地與地球通訊及採集樣本。利用這個方法，搜尋與生命有關的痕跡。這架探測器預定最終將在土衛六的「塞爾克隕石坑」（Selk Crater），詳細調查是否有在生命誕生前階段發生的有機物化學反應痕跡。

卡西尼號展開大結局任務，衝入土星最內側的環與土星之間的縫隙，以時速12萬3608公里的速度飛行。

惠更斯號傳回的土衛六地表景象。土衛六可能下著液態甲烷的雨，匯聚形成河川和海洋。其中可能有生命存在。

無人機型探測器「蜻蜓號」在土衛六飛行的想像圖。機體全長約3公尺。利用8片旋翼在土衛六的大氣中四處飛行，在各式各樣的場所著陸並採集樣本進行分析。

以海王星外天體為目標的矮行星觀測衛星

「新視野號」（New Horizons）也稱為「新地平線號」，是美國為了觀測冥王星等海王星外天體而於2006年1月派出的探測器。

當新視野號發射時，冥王星被列為太陽系的第9號行星，但是在飛行期間，由於對行星的新定義使得冥王星被改列為矮行星，因此新視野號也不再屬於行星探測器。

新視野號於2015年1月開始觀測冥王星，並且繼續接近冥王星。2015年7月，一邊飛掠冥王星，一邊詳細觀測冥王星及其衛星冥衛一。新視野號以秒速14公尺接近到1萬3695公里處，比冥衛一的公轉軌道更靠近冥王星。順帶一提，此時的新視野號距離地球48億公里，所以從新視野號傳送到地球的訊號要花4個小時才能抵達。

傳送回來的影像令許多研究者大為震驚。首先，冥王星和冥衛一的複雜性改變了以往對海王星外天體的想像。不僅確認了冥王星上有許多年輕的地形，也確認到現在仍有地質學活動。

此外，也發現了先前哈伯太空望遠鏡確認的明亮區域，其實是由氮構成的冰川。這條擴展成心形的冰川綿延約1000公里，是太陽系中最大的冰川。

其後，新視野號繼續飛向下一個目標 ── 小行星「天涯海角」（Arrokoth）。2019年1月1日接近，釐清了這是兩個天體合併的奇妙樣貌。

新視野號飛到距離冥王星1萬3695公里的位置。可以看到在冥王星後面的冥衛一。

把宇宙拉近我們身邊的最大功臣

多虧了太空梭（space shuttle），我們現在不再覺得宇宙是那麼遙遠的地方，這樣說應該不為過吧！

太空梭的特點就是再利用。飛到太空之後，還能再飛回來，而且是以和飛機相同的降落方式著陸。回到地球的太空梭，之後還能再加以利用。

但是，使太空梭具備這些特點的外形，正好也是太空梭不得不退役的原因所在。在大氣中滑翔時所需的機翼，在無重力的宇宙空間並不需要，而這個在宇宙空間派不上用場的機翼卻會增加機體重量，導致發射升空時必須耗費更多的燃料，也必須消耗更多的耐熱陶瓷片等材料。而且，太空梭完成一趟太空旅行後，必須經過機體整備等檢驗才能再次飛到太空，這使得太空梭成為出乎意料的大錢坑。

1981年4月，第一架太空梭發射升空；2011年7月，結束全部任務並退役。在這30多年期間總共發射了135次，每次發射都向全世界大眾公開。

太空梭的飛行計畫絕大多數都達成任務，但也發生過2次悲慘的事故，造成共14名太空人犧牲。也因此有幾個時期中斷了飛行任務，不過，最後都克服困難、獲得無數的輝煌成果，在太空開發的歷史上留下了永垂不朽的名聲。

太空梭飛向宇宙。本體跨坐在燃料槽上方。安裝在燃料槽兩側的輔助火箭推進器和本體一樣能夠再次利用。

環繞地球飛行並利用無重力環境的科學實驗室

「國際太空站」（ISS，International Space Station）是美國、俄羅斯、日本、加拿大、ESA共同運作的太空站。在400公里的高空，保持相對於赤道51.6°的角度，每隔大約90分鐘繞行地球一圈。在這裡，能夠利用無重力環境實施各種實驗及研究、天體觀測等。

國際太空站由參加國家製作的組件拼裝而成。最大的組件為日本製作的「希望」（KIBO），大小相當於大型巴士。除了艙內實驗室之外，也備有艙外實驗平台。

1999年開始在軌道上進行組裝作業，至2011年7月組裝完成。當初預定使用到2016年，後來決定繼續運用到2024年為止。太空梭在國際太空站的組裝作業上發揮了莫大作用。不過，2011年太空梭退役後，物資的運送改用俄羅斯的「進步號」（Progress）、JAXA的「鸛鳥號」（Kounotori）、美國民間企業的「天鵝座號」（Cygnus）和「天龍2號」（SpaceX Dragon 2）等太空貨機。太空人的接送則全部委由俄羅斯的太空船「聯盟號」（Soyuz）。不過，2020年11月，美國民間企業SpaceX的載人太空船「載人天龍號」把4名太空人送上了國際太空站。

國際太空站從2000年11月開始有太空人進駐。最初維持經常有3名駐留，現在則有6名。這些太空人在國際太空站上進行各式各樣的實驗和研究。

※：「鸛鳥號」使用9號機（HTV9）運送物資到國際太空站的任務到2020年8月結束。自2021年起，改用後繼的「HTV-X」接手執行任務。

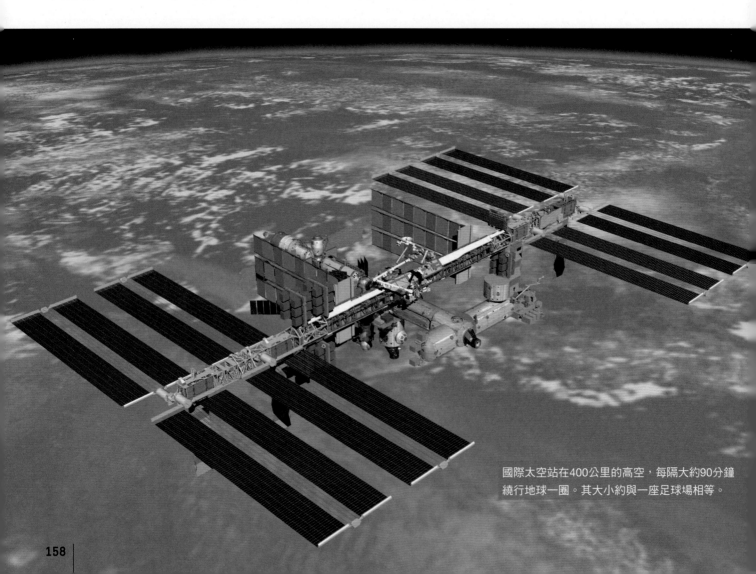

國際太空站在400公里的高空，每隔大約90分鐘繞行地球一圈。其大小約與一座足球場相等。

由民間企業開發的太空船首次載人太空飛行成功

2020年5月31日，美國民間企業SpaceX開發的太空船「載人天龍號」使用該公司的「獵鷹9號」（Falcon 9）火箭發射升空。

載人天龍號暱稱「奮進號」（Endeavour），乘員為NASA的美國太空人赫爾利（Douglas Hurley，1966～）和貝肯（Robert Behnken，1970～）。

發射起約19個小時後，載人天龍號和ISS順利對接。對接後經過3個小時的檢查，載人天龍號的艙門終於打開，將2名太空人迎至ISS裡面。

這是自太空梭退役之後，時隔9年的美國太空船載人飛行，也是全球首次由民間企業實施的載人太空飛行。

載人天龍號由上半段的「膠囊艙」（capsule）和下半段的「軀幹艙」（trunk）組成（下方照片）。膠囊艙是收納必須供壓的太空人及物資的地方，軀幹艙是連接膠囊艙和獵鷹9號火箭的地方。軀幹艙配備太陽能電池板，進入軌道飛行之後立即展開，供應電力給載人天龍號。載人天龍號裡頭沒有操縱桿，全部使用觸控面板進行操作。

自發射起、與ISS對接，直到返回地球的全套行程，被定位為載人天龍號的試驗飛行，稱為「Demo-2」任務。該任務的目的是為了驗證載人天龍號、獵鷹9號、太空衣等與載人飛行相關的各項要素。

2020年11月16日，載人天龍號啟動了正式的運用任務，使用獵鷹9號火箭成功載送4名太空人發射升空，並於17日與ISS順利對接。

左側為運送載人天龍號升空的獵鷹9號火箭，右側為載人天龍號。載人天龍號的高度為8.1公尺，直徑4公尺，最上方有稱為「鼻錐」（nose cone）的艙門，和ISS對接時該部分會打開。

常時觀測太陽這個最重要天體的探測器

大多數恆星會向周圍散發龐大的能量而形成行星系等，可以說是宇宙天文活動的重要角色。

對我們來說，最貼近的恆星就是太陽。我們想要了解宇宙時，最鄰近的資訊來源就是太陽。

太陽對我們的生活具有非常巨大的影響。追根究柢，如果沒有來自太陽的龐大能量，地球上就不會有生命誕生。地球上孕育了生命，逐漸演化出智慧生物，固然是憑藉著各式各樣的機緣巧合，但這些偶然的機會說是有大半都仰賴太陽的能量也不為過。話雖如此，來自太陽的能量如果過多也不行。因此，了解太陽、觀測太陽，並隨時監視太陽活動的變化，是非常重要的事。

「SOHO」（Solar and Helio-spheric Observatory，太陽與太陽圈觀測站）是NASA和ESA共同開發的太陽觀測衛星，1995年12月發射升空。SOHO的觀測期間原本預定2年，但迄今已經超過20年，仍在正常地執行觀測任務。

「STEREO」（Solar Terrestrial Relations Observatory，日地關係觀測站）是NASA的太陽觀測衛星，2006年8月發射升空。STEREO由「STEREO-A」和「STEREO-B」組成，可同時運用這2架探測器對太陽活動進行立體式偵測。「STEREO-B」於2014年失聯，2016年一度恢復通訊，嘗試回復未果，於2018年結束任務。

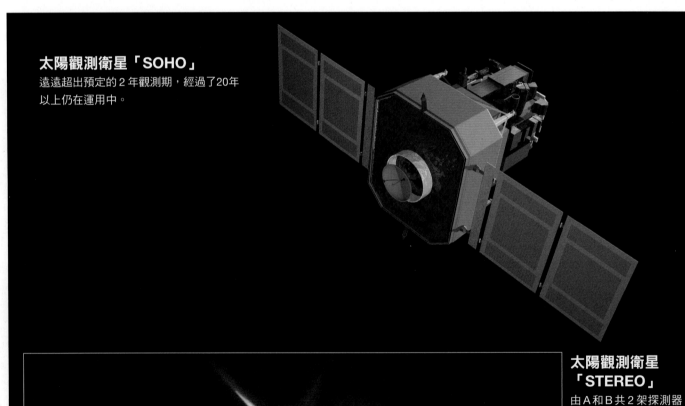

太陽觀測衛星「SOHO」
遠遠超出預定的2年觀測期，經過了20年以上仍在運用中。

太陽觀測衛星「STEREO」
由A和B共2架探測器組成。使用2架探測器同時觀測太陽，藉此達成立體式偵測。但現在B已經結束任務了。

日本的太陽觀測衛星也十分活躍

2006年9月，太陽觀測衛星「日出號」（Hinode）從日本鹿兒島縣內之浦宇宙空間觀測所利用M-V火箭發射升空。日出號是以日本的NAOJ（國立天文臺）和JAXA為中心，在NASA等的協助下送出的衛星。

一直以來，日本就是積極進行太陽觀測的國家之一。在日出號之前，就已經送出了「火鳥號」（Hinotori）和「陽光號」（Yohkoh）實施觀測，日出號是第三代。預定自2030年代之後，將發射日出號的後繼探測器「SOLAR-C」。

這些探測器收集到的資料會以宇宙天氣預報的形式向大眾公開。在日本，國立研究開發法人資訊通訊研究機構裡面設有「宇宙天氣預報中心」，自1988年起每天即時提供太陽閃焰的狀況以及其對地磁的影響等資訊。這些資訊對人造衛星的運用者、漁業無線電等短波無線電利用者相當有幫助。尤其是駐留於國際太空站的太空人，已經成為不可或缺的資訊。

2010年2月，NASA發射了太陽觀測衛星「SDO」（Solar Dynamics Observatory，太陽動力學觀測站）。SDO從距離地球約3萬6000公里處，調查太陽磁場的構造及太陽黑子、太陽閃焰、日冕巨量噴發等現象與磁場之間的關係。

SDO使用4具望遠鏡，以及在了解太陽活動上非常重要的10個波長，觀測太陽的表面及大氣。SDO取得的影像具有SOHO和STEREO無法達到的高解析度，現今仍在持續觀測中。

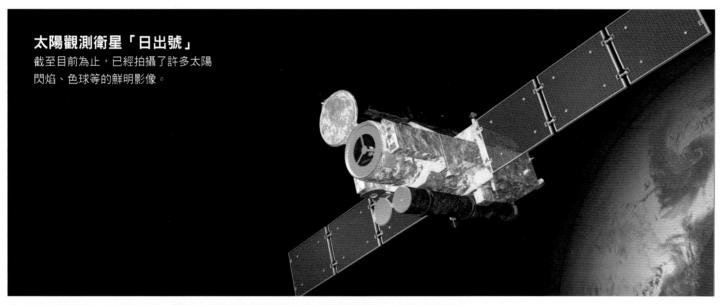

太陽觀測衛星「日出號」
截至目前為止，已經拍攝了許多太陽閃焰、色球等的鮮明影像。

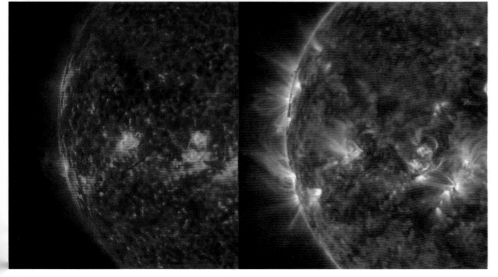

「SDO」拍攝的太陽表面
「SDO」於2015年拍攝的太陽景象。利用2個不同波長觀測太陽，藉由各個波長把不同的特徵可視化。

能耐1300℃高溫的探測器「帕卡太陽探測器」

2018年8月12日，NASA的太陽探測衛星「帕卡太陽探測器」（Parker Solar Probe）從美國佛羅里達州卡納維爾角空軍基地發射升空。這架探測器預定花7年時間接近太陽25次。其中最接近的一次將通過太陽與水星之間距離的10分之1的位置，並在該處觀測從太陽外層的「日冕」噴出的氣體。如此接近太陽的探測器受到強烈加熱，預估表面溫度會升高到1300℃以上，因此探測器裝設了厚度超過11公分的隔熱層。第一次接近是在2018年11月，第二次是在2019年4月。當時與太陽的距離為太陽半徑的30倍左右，是過去史上最靠近太陽的觀測活動。

分析多次觀測資料的結果，可知太陽風的電漿會藉由磁場而蓄積能量，這個能量轉換成粒子的運動能量會使粒子加速。

期待未來的觀測資料提供更多關於太陽風的詳細資訊。此外，如果日冕噴出大量的高溫氣體，就會擾亂地球的磁層，也會影響地球的環境。帕卡太陽探測器的觀測或許能夠取得相關的線索，解答日冕高溫的謎題。2021年4月，帕卡太陽探測器成功穿過太陽大氣的最外層「日冕」，成為史上第一個正式接觸太陽的人造物體。

觀測人類未曾見過的太陽面貌的衛星

ESA的太陽觀測衛星「太陽軌道飛行器」（Solar Orbiter）於2020年2月9日使用「擎天神5號」（Atlas V）火箭從美國佛羅里達州卡納維爾角空軍基地發射升空。

太陽軌道飛行器預定花費2年的時間，利用金星2次、地球1次進行拋擺（利用天體重力改變探測器軌道的方法），然後投入近日點（離太陽最近的位點）在水星公轉軌道內側的橢圓軌道。其後，再度利用金星進行拋擺，把近日點更推近太陽，同時使軌道面傾斜於黃道面（地球做公轉運動的平面）。這麼一來，就能觀測以往無法觀測到的太陽極區。藉此，可以彌補「帕卡太陽探測器」的不足，觀測以前從地球、人造衛星及探測器都無法看到的太陽北極和南極。

太陽軌道飛行器配備了測量探測器附近的磁場、電場及電漿的裝置，還有從遠方拍攝太陽的照相機等，總共10部觀測裝置。期待使用這些裝置能夠更詳細地了解太陽的活動。

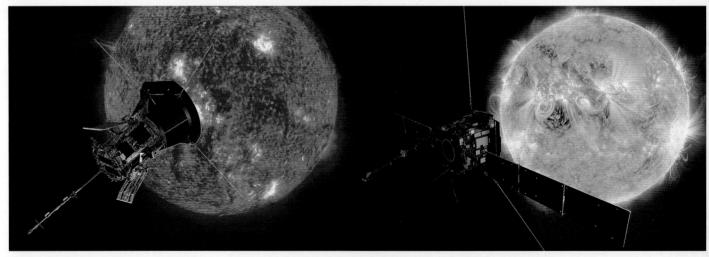

帕卡太陽探測器環繞太陽飛行的想像圖。　　　　　　　　太陽軌道飛行器正在觀測太陽的想像圖。

不斷傳來宇宙真正面貌的太空望遠鏡

「哈伯太空望遠鏡」（Hubble Space Telescope）於1990年4月由「發現號」（Discovery）太空梭運送到太空。這是一具浮在離地600公里的高度，全長13公尺、重量11公噸，主鏡直徑2.4公尺的反射式望遠鏡。

哈伯的名稱是為了紀念美國天文學家哈伯。由於哈伯太空望遠鏡不受地球大氣的影響，所以能取得極為清晰的影像。直到現在，仍然不斷地傳回鮮明的影像，呈現出宇宙的珍貴、美麗與神奇。

左下影像是哈伯太空望遠鏡在鯨魚座方向上拍攝的大約40億光年遠的星系團「阿貝爾370」（Abell 370）。該星系團由數百個星系組成，因此在那個地方可能擁有強大的重力場。先前已經透過影像確認到有疑似重力透鏡效應的東西存在，後來在哈伯太空望遠鏡拍攝的影像中，果然清楚地看到重力透鏡。

右下影像是所謂的「哈伯超深領域」（Hubble Ultra Deep Field），這是在南半球看到的天爐座部分區域。該影像中的天體皆為星系，其中最遠的星系位於距離地球約130億光年之處。在此之前，哈伯太空望遠鏡已經拍攝了「哈伯深領域」（Hubble Deep Field）、「哈伯南天深領域」（Hubble Deep Field South）等稱為「深太空」（deep space）的極遠區域。這次拍攝的影像是更遙遠的超深太空。

在大尺度的觀測下，宇宙是均質且各向同性的。這個想法稱為「宇宙學原理」或「宇宙論原則」（cosmological principle）。哈伯太空望遠鏡拍攝到的深太空影像似乎證明了宇宙學原理的正確性。

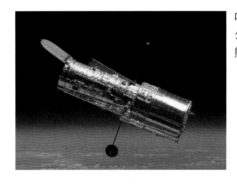

哈伯太空望遠鏡在600公里的高度持續拍攝鮮明的太空影像。

「阿貝爾370」

距離太陽系大約40億光年的星系團。該星系團的強大重力所產生的重力透鏡效應，使得其背後的其他星系的光拉長並扭曲成弧形。

「哈伯超深領域」

該影像中顯現的天體全是星系。在宇宙中，無論往哪一個方向觀看，都會看到像這樣的星系散布景觀。這稱為「宇宙學原理」，而哈伯太空望遠鏡似乎證明了其正確性。

飛到宇宙觀測的理想環境的太空望遠鏡

哈伯太空望遠鏡的大成功，充分地顯示了觀測宇宙的最理想環境是不受地球大氣影響的宇宙空間。但是，在宇宙中無法進行機器的維修和更換，所以也伴隨著觀測被迫中止等風險。此外，由於所需的費用也十分龐大，所以若非像NASA和ESA這樣從發射火箭到衛星的軌道投入都具備了扎實技術及經驗的機構，就會是一項極具挑戰性的任務。

「史匹哲太空望遠鏡」（Spitzer Space Telescope）是美國於2003年8月發射的紅外線太空望遠鏡。2020年結束運用。史匹哲太空望遠鏡為了阻擋太陽傳來的熱而配備了遮蔽板。此外，為了不受到地球放出的紅外線影響，在離地球稍遠的位置跟在地球後面一同繞著太陽公轉的軌道。它有一具利用紅外線觀測的反射式望遠鏡，重量950公斤，

主鏡80公分，比哈伯太空望遠鏡小很多。不過，至今立下不少功勞，例如發現系外行星等等。

「克卜勒太空望遠鏡」（Kepler space telescope）是美國於2009年3月發射的太空望遠鏡，任務是搜尋系外行星。克卜勒太空望遠鏡也是投入了跟在地球後面一起繞著太陽公轉的軌道。

克卜勒太空望遠鏡為了排除陽光的影響，以及避免觀測對象被小行星帶及艾吉沃斯-古柏帶的小行星擋住，所以只觀測天鵝座的有限區域。克卜勒太空望遠鏡發射升空之後，總共觀測了超過10萬顆恆星的亮度，並且利用凌日法（第106頁）搜尋系外行星。但是在2013年，控制姿勢的系統（反應輪）出了狀況，於是轉換成利用陽光壓力控制姿勢的「K2任務」（K2 mission）。克卜勒太空望遠鏡發現的系外行星超過4000顆，其中包含了多顆地球型岩石行星。儘管觀測區域十分有限，卻發現了如此大量的系外行星，這似乎暗示著充滿

「史匹哲太空望遠鏡」
為了阻隔太陽傳來的熱，配備了遮蔽板。

「克卜勒太空望遠鏡」
為了搜尋系外行星而發射。發現了許多系外行星，其中包括許多地球型岩石行星。

宇宙的恆星其周圍有許多行星系存在。

克卜勒太空望遠鏡耗盡了姿勢控制用燃料之後，於2018年11月結束運用。

「赫歇爾太空望遠鏡」（Herschel Space Observatory）是ESA於2009年5月發射的紅外線太空望遠鏡。名字是為了紀念發現天王星的赫歇爾。這架望遠鏡和詳細觀測宇宙微波背景輻射的普朗克衛星一起發射，放置於第2拉格朗日點（第155頁）。2013年4月，用來把觀測機器冷卻到1.4K的液態氦耗盡，於是結束觀測。

赫歇爾太空望遠鏡的成果包括：活躍星系中心的黑洞周邊噴出高速氣體、彗星供應大量水給地球的可能性、和史匹哲太空望遠鏡一起發現天琴座的1等星織女星的周圍有巨大小行星。還有在2014年1月發現矮行星穀神星（第99頁）有2個地方噴出水蒸氣等等。

「詹姆斯・韋伯太空望遠鏡」（James Webb Space Telescope）是美國於2021年12月發射的太空望遠鏡。利用紅外線觀測宇宙。宇宙最早發出光芒的恆星稱為「初代星」（first star）。詹姆斯・韋伯太空望遠鏡的主要任務就是搜尋這種初代星，同時也期待它能繼哈伯太空望遠鏡之後取得重大成果。為此，把機體保持在極低溫，並儘可能阻絕太陽及地球的影響而放置在第2拉格朗日點。

「赫歇爾太空望遠鏡」
ESA發射的紅外線觀測用反射式望遠鏡。由於冷卻劑耗盡，於2013年結束所有的觀測任務。

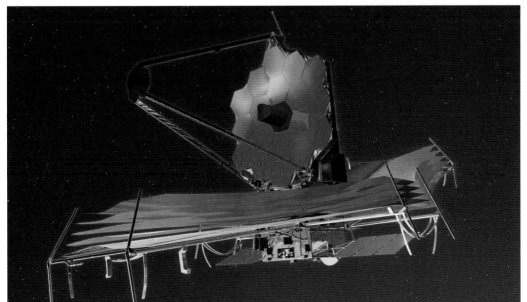

「詹姆斯・韋伯太空望遠鏡」
2021年12月發射。期待它能繼哈伯太空望遠鏡之後取得重大成果。

從安地斯高地凝視宇宙的 66架望遠鏡

「ALMA望遠鏡」（Atacama Large Millimeter／submillimeter Array，阿塔卡瑪大型毫米及次毫米波陣列）也稱為「阿爾瑪望遠鏡」，坐落於南美洲智利安地斯山區、海拔5000公尺的阿塔卡瑪沙漠。這是一項以臺灣、日本、美國、加拿大、歐洲為中心，共有22個國家參與的國際合作計畫，透過把66架拋物面型天線組合起來，產生如同一架大型電波望遠鏡的功能。2002年開始建造，2011年開始觀測，2014年6月所有天線建置完成。

阿塔卡瑪沙漠與夏威夷的毛納基亞山等處齊名，都是從地面觀測天體的絕佳地點。而且這裡的高度高達5000公尺，受大氣晃動的影響非常低微。再加上位處沙漠地帶，氣候常年保持乾燥，所以水蒸氣很少，觀測時幾乎沒有任何干擾。

66架電波望遠鏡由54架口徑12公尺的拋物面型天線和12架口徑7公尺的拋物面型天線組合而成。各架望遠鏡因應目的而放置在大型拖車上，藉由改變其配置達到有效運用。

望遠鏡的解析度和敏感度為世界最大等級，所以能夠觀測散布在宇宙中的微塵和氣體所放出極微弱電波。藉此，期待能夠探索行星誕生的機制和地球外生命的可能性。

為了充實南半球的觀測而設置的天文臺群

「歐洲南天天文臺」（ESO，European Southern Observatory）位於智利安地斯山區，是由14個歐洲國家和巴西合作營運的天文觀測設施。設立於1964年，歷史相當悠久。以往，天文觀測所大多位於北半球，故其設立目的就是為了充實南半球的天文觀測。

歐洲南天天文臺由多座天文臺組成，其中的「拉西拉天文臺」（La Silla Observatory）、「帕拉納天文臺」（Paranal Observatory）、「拉諾德查南托天文臺」（Llano de Chajnantor Observatory）是主要的觀測設施。

拉西拉天文臺位於阿塔卡瑪沙漠北部海拔2400公尺高。其基地廣闊，規模不輸ALMA望遠鏡。

帕拉納天文臺是歐洲南天天文臺的核心觀測設施。位於阿塔卡瑪沙漠的帕拉納山山頂，觀測環境比拉西拉天文臺更優異。自1980年代開始建造，設置了由4架口徑8.2公尺的望遠鏡組成的「甚大望遠鏡」（VLT，Very Large Telescope）。

拉諾德查南托天文臺是位於阿塔卡瑪沙漠海拔5100公尺高的電波天文臺。1980年代後期開始建造，設置了多架次毫米波電波望遠鏡。由於位於阿塔卡瑪沙漠的最深處，建設工作困難重重。

此外，在阿馬索內斯山3000公尺高的高地，目前正在建造一架口徑39公尺的「歐洲極大望遠鏡」（E-ELT，European Extremely Large Telescope），預定自2020年代後半期開始運作。

以大陣仗觀測南半球星空的ALMA望遠鏡。在夜空的中央可以看到大麥哲倫雲。

組成帕拉納天文臺的VLT的其中一架望遠鏡正在利用雷射導引觀測銀河系中心。

藉由觀測來證明宇宙論的電波望遠鏡

「宇宙因大霹靂而急遽膨脹，當時的微小的空間不勻孕育了星系，形成了恆星。這個大霹靂的痕跡以溫度3K的宇宙微波背景輻射殘留到現在。」COBE衛星、WMAP衛星、普朗克衛星都曾經藉由觀測證明了這個大霹靂宇宙論。

而企圖從地面觀測宇宙微波背景輻射的設施便是「阿塔卡瑪宇宙論望遠鏡」（ACT，Atacama Cosmology Telescope）。這架望遠鏡位於ALMA望遠鏡及歐洲南天天文臺所在的南美洲智利阿塔卡馬沙漠超過5000公尺高的高地，以美國的大學及研究機構為中心進行觀測作業。

阿塔卡瑪宇宙論望遠鏡是一架口徑6公尺的電波望遠鏡。2007年開始觀測。這種為了從地面觀測宇宙微波背景輻射而設置的望遠鏡，在南極也有。美國在南極點附近的阿蒙森-史考特南極站（Amundsen-Scott South Pole Station）內設置了一架口徑10公尺的電波望遠鏡，和阿塔卡瑪宇宙論望遠鏡一樣，從2007年開始觀測。

從遙遠的彼方傳來的宇宙微波背景輻射，如果在中途遇到星系團，會被散射而使能量分布產生變化。所謂的宇宙論望遠鏡，便是用來偵測該能量分布的微小變化，以便找出遠方的星系團。這類星系團是在宇宙初期誕生的天體，所以這項研究可望有助於釐清暗能量在宇宙初期具有什麼作用。2011年，這兩架望遠鏡在幾乎同一時期，偵測到重力透鏡造成的宇宙微波背景輻射的光譜密度，這被視為證明了暗能量的存在。

坐落於阿塔卡瑪沙漠的阿塔卡瑪宇宙論望遠鏡。
右邊遠處可看到海拔5604公尺的塔科山。

位於中央的裝置是阿塔卡瑪宇宙論望遠鏡。望遠鏡周邊圍著一圈稱為地屏（ground creen）的遮蔽板，以便屏蔽來自地面微波的影響。因此，只能像這樣從上方看到望遠鏡的本體。

日本在夏威夷山頂建造的光學紅外線望遠鏡

「昂星團望遠鏡」（Subaru Telescope）是日本國立天文臺在美國夏威夷島海拔4205公尺的毛納基亞山山頂建造的大型光學紅外線望遠鏡。1999年開始觀測。由於位處太平洋上的獨立峰頂，所以幾乎一整年都能不受天候影響進行觀測。

主鏡的直徑為8.2公尺，是當時世界最大的單鏡式望遠鏡。由於其直徑太大，實際觀測時會發生望遠鏡傾斜導致鏡面扭曲的狀況。為了防止這種狀況，在鏡面背後加裝了261根支撐裝置，利用電腦進行管理。

昂星團望遠鏡發揮高超的觀測能力，在2006年9月發現了距離128億8000萬光年遠的星系，又在2014年發現了距離131億光年遠的星系。

除此之外，也拍攝了許多美麗的天文影像及罕見的天體現象，這些影像可在日本國立天文臺的官方網站觀賞。

使用毛納基亞山山頂的2架望遠鏡聯合觀測

在海拔4205公尺的毛納基亞山山頂，有美國的「凱克望遠鏡」（Keck Telescope）與昂星團望遠鏡相鄰作伴。凱克望遠鏡由2架具有相同性能的「凱克I望遠鏡」和「凱克II望遠鏡」組成，和昂星團望遠鏡一樣都是直徑10公尺的光學紅外線望遠鏡。不過，昂星團望遠鏡只有1面巨大的鏡片，而凱克望遠鏡則是由36面正六邊形鏡片組成。

凱克I望遠鏡於1993年開始觀測，凱克II望遠鏡從1996年開始觀測。2架望遠鏡聯手進行觀測。

美國的望遠鏡以往大多由大富豪捐助設置，凱克望遠鏡也一樣，是由W.M.凱克基金會捐助建造。

由於毛納基亞山進出交通方便、觀測環境優異，所以在山頂附近除了昂星團望遠鏡和凱克望遠鏡之外，還有許多國家設置了各式各樣的望遠鏡，活躍地進行各種觀測。

昂星團望遠鏡是世界最大級的單鏡式望遠鏡。位於山麓的附屬設施及望遠鏡本體可事先申請進入參觀。

可看到圓頂內的六邊形主鏡的凱克I和凱克II。2架望遠鏡合作觀測，獲得了巨大的成果。

併立於毛納基亞山山頂的昂星團望遠鏡和2架凱克望遠鏡。

國際合作建造的口徑30公尺的超巨大望遠鏡

「TMT」（Thirty Meter Telescope，30公尺望遠鏡）是美國、加拿大、中國、印度、日本等多個國家合作，計畫在美國夏威夷毛納基亞山山頂建造的口徑30公尺超大型光學紅外線望遠鏡。如此巨大的主鏡當然無法以一面鏡片來製造，所以是由492面正六邊形鏡片組合而成。

當初預定2021年底完成，但是與奉毛納基亞山為聖地的當地人交涉不順，計畫難以推動。因此，TMT的建造是在尊重且保護原住民文化的前提下，採取了相應的措施。

例如，TMT的建造用地的選址，必須選在從他們的多個聖地看不到望遠鏡的地點。這就意謂著，也不能從望遠鏡的地點俯視他們的聖地。此外，還有不能把廢棄物留在山頂等，對於環境的保護也必須充分考慮。這是截至目前為止，在毛納基亞山周邊的眾多天文臺中對環境的影響最輕微者。

如果拿TMT的主鏡和昂星團望遠鏡相比，則大小約10倍，聚光能力約13倍，解析力約4倍。

TMT的性能如此之高，不僅能直接觀測系外行星中的地球型岩石行星，甚至有可能探索上頭是否有生命存在。此外，與站在系外行星探測第一線的太空望遠鏡合作觀測也是其主要目的之一。

昂星團望遠鏡發現了多個在大霹靂後10億年以內誕生的星系，TMT很有希望偵測到更早誕生的宇宙最初星系及其中的恆星。說不定還能發現初代星。

我們也期待藉由TMT的觀測，釐清宇宙大尺度結構（第133頁）的形成過程及其模樣等。

預定在毛納基亞山山頂建造的TMT完工預想圖。TMT具有30公尺主鏡，觀測能力大大超越了坐落於其後方的昂星團望遠鏡和凱克望遠鏡。

在安地斯山區建造的超巨型望遠鏡

位於南美洲智利中部安地斯山區海拔2300公尺高的拉斯坎帕納斯天文臺（Las Campanas Observatory）正在建造一架「巨型麥哲倫望遠鏡」（GMT，Giant Magellan Telescope），預定2029年開始進行試驗性觀測。這座天文臺是美國卡內基研究所擁有及運用的天文臺。

巨型麥哲倫望遠鏡的主鏡由7面口徑8.4公尺的圓形鏡片組成，合成後的有效口徑達到24.5公尺，超級巨大。它的解析力將可達到哈伯太空望遠鏡的10倍左右。為了排除大氣晃動的影響而運用最新的補償光學，因此能取得的影像應該會凌駕於哈伯太空望遠鏡之上。

預定的觀測對象為黑洞、暗物質及遙遠的原始行星等，觀測成果將足以與TMT一較高下。

建造於南半球的巨型麥哲倫望遠鏡觀測計畫以美國和澳洲為中心，韓國也參與其中。這項計畫的預算經費相當龐大，一度危及另一項與巨型麥哲倫望遠鏡並行推動的大計畫「TMT計畫」的展開，不過現在已經正式決定兩者同時進行。

TMT的主要目的是與太空望遠鏡合作進行觀測，同樣地，巨型麥哲倫望遠鏡也會與太空望遠鏡合作進行觀測。尤其是作為哈伯太空望遠鏡的後繼機而於2021年12月發射送往太空的詹姆斯・韋伯太空望遠鏡，兩者將緊密合作進行觀測。

巨型麥哲倫望遠鏡的完工預想圖。由7面口徑8.4公尺的主鏡組合而成，達到口徑24.5公尺的效果。其解析力超過哈伯太空望遠鏡。

坐落於加納利群島山頂的歐洲最大觀測基地

「加納利大型望遠鏡」（GTC，Gran Telescopio Canarias）位於大西洋的西班牙領地加納利群島的拉帕爾馬島穆查丘斯羅克天文臺（Observatorio del Roque de los Muchachos），是一架由西班牙、墨西哥、美國佛羅里達大學、加納利天體物理研究所共同設置的口徑10.4公尺的反射式望遠鏡。耗時7年建造完成，2007年7月開始觀測。

包括英國在內的歐洲本土，並沒有適合在高地建造天文臺以便進行天文觀測的場所。因此選擇了拉帕爾馬島。

該島位於大西洋上，天候及大氣的狀態十分穩定，因此和北半球的夏威夷毛納基亞山周邊並列為天文觀測的絕佳場所。再加上鄰近歐洲本土沒有時差，所以許多歐洲國家在此地設立天文臺。

該島是由兩座火山組成的火山島，加納利大型望遠鏡便是設置於其中一座火山2426公尺高的山頂。

加納利大型望遠鏡拍攝的「蟹狀星雲」。

加納利大型望遠鏡矗立於以天河為背景的夜空中。

中國建造的500公尺的超巨大電波望遠鏡

「500公尺口徑球面電波望遠鏡」（FAST，Five-hundred-meter Aperture Spherical radio Telescope）是中國（中國科學院國家天文臺）利用貴州的自然窪地傾力建造的電波望遠鏡，於2016年7月完工，成為全世界最大的電波望遠鏡。

在此之前，世界上最大的電波望遠鏡是位於南美洲波多黎各的阿雷西博天文臺（Arecibo Observatory）。不過，阿雷西博天文臺的電波望遠鏡直徑為305公尺，而500公尺口徑球面電波望遠鏡的直徑就如其名所示為500公尺，因此其空間解析力

可達阿雷西博天文臺的2倍。但由於它固定在窪地內，所以能夠觀測的範圍只限於天頂的40°角以內。

500公尺口徑球面電波望遠鏡由大約4500片三角形輕型網狀面板組合而成。觀測時，利用轉向裝置把它轉到所需的方向。望遠鏡順利運作後，從2021年4月1日起對全球科學界開放，提供給全球科學家申請觀測。

這架500公尺口徑球面電波望遠鏡運用於各式各樣的天文觀測，不過，主要的觀測目標是「脈衝星」，迄今已經新發現了超過500顆脈衝星。此外，也有

進行「SETI」（Search for Extra-Terrestrial Intelligence，搜尋地球外文明計畫）的觀測，搜尋地球外文明傳來的電波。此外，還有存在於初期宇宙（遠方的宇宙）及星際空間的分子的觀測、快速電波爆（fast radio burst）的觀測、擁有磁場的系外行星探測等。

現在已經不再只是講求望遠鏡「大小＝性能」而一味地競爭口徑大小的時代，但是獨自進行太空開發的中國在豐沛國家預算的支持下，或許能在21世紀的天文觀測領域取得領先地位吧！

© 視覺中國

新華網｜图片
瞬间，即永恒

中國建造的500公尺口徑球面電波望遠鏡。收集電波的焦點使用周圍6座鐵塔牽引懸吊的纜繩進行調整。

日本電波天文學的大本營觀測所

「野邊山宇宙電波觀測所」（Nobeyama Radio Observatory）位於日本長野縣南佐久郡八岳的山麓，是日本國立天文臺天體電波研究部的觀測設施。此處四面環山，極少受到廣播電波等的影響，而且出入交通便利，所以成為日本電波天文學的中樞觀測所，也培育了眾多日本的電波天文學者。

野邊山宇宙電波觀測所從1969年開始觀測，如今其核心設施是1981年完工的45公尺電波望遠鏡。以偵測毫米波的電波望遠鏡來說，這是全世界最大的望遠鏡。截至目前為止，已經發現了許多星際物質、原恆星周圍的氣體圓盤、巨大的黑洞等等，留下了不少功績，迄今仍在持續觀測中。

這架電波望遠鏡於2017年6月獲得總部設在美國的IEEE（Institute of Electrical and Electronics Engineers，電氣和電子工程師學會）授予「IEEE里程碑」的榮譽，以表彰其往昔的功業。

其他觀測裝置還有「毫米波干涉儀」、「太陽電波強度偏波儀」、「名古屋大學電波太陽照相機」等等。

毫米波干涉儀是把6架直徑10公尺的電波望遠鏡組合起來，最大可發揮相當於600公尺電波望遠鏡的解析力。現在已經結束科學運用。太陽電波強度偏波儀是把8架拋物面型天線組合起來，觀測太陽傳來的電波強度與特性。觀測太陽活動的長期變動是非常重要的事情，這架機器已經利用3.75GHz（gigahertz，千兆赫茲）觀測了50年以上。電波太陽照相機是專門拍攝太陽的電波望遠鏡，把84架直徑80公分的望遠鏡組合起來，實現了相當於直徑500公尺望遠鏡的解析力，但已經在2020年結束運用。

野邊山宇宙電波觀測所的電波太陽照相機昔日仍在運用期間的景象。84架電波望遠鏡排列成T字型，每秒可取得20幅影像，所以能夠像錄影機一樣地監視太陽的活動。如今絕大多數已經撤走。右邊可看到獲頒IEEE里程碑的45公尺電波望遠鏡的背面。

重力波望遠鏡「KAGRA」開始運作，偵測時空的波

2015年，全世界第一次偵測到重力波（第18頁）。偵測到這一個重力波的機器，是美國的重力波望遠鏡「LIGO」（Laser Interferometer Gravitational-Wave Observatory，雷射干涉重力波天文臺）。

2019年10月，日本也完成了一架重力波望遠鏡 — 位於岐阜縣神岡礦山地底下的大型低溫重力波望遠鏡「KAGRA」（Kamioka Gravitational Wave Detector，神岡重力波探測器）。

KAGRA和LIGO一樣，都是屬於「雷射干涉儀」這種類型的觀測裝置（右頁圖）。LIGO的臂長4公里，KAGRA的臂長3公里。KAGRA這個暱稱是從神岡（Kamioka）的「KA」和重力波（gravitational wave）的「GRA」組合而來，且其發音與「神樂」相似※。

為了提高感度，KAGRA具備了一些LIGO所沒有的特點，其中最大的差異在於KAGRA是建造於地底下這一點。即使沒有發生有感地震，地面也一直在微微地搖晃著。但是，神岡礦山地底下的岩盤相當堅固，設置在該處就能把地面的振動抑制到都市的大約100分之1以下。

此外，用於反射雷射光的鏡片也下了一番工夫。採用把鏡片冷卻到−253℃的方法。所有的物質都會因熱而微微地振動。為了偵測出程度在太陽與地球之間的

3 公里長的大臂

重力波望遠鏡「KAGRA」位於日本岐阜縣和富山縣交界的神岡礦山地底下。兩條呈L字形伸出的大臂分別長達3公里。

世界各地同時觀測，以獲得高精確度

LIGO Hanford
LIGO Livingston
GEO600
Virgo
KAGRA
LIGO-India

○ 運作中
● 計畫階段

把目前運作中及計畫中的重力波望遠鏡標示在地圖上。歐洲目前有臂長600公尺的「GEO600」、3公里的「Virgo」在運作中。現在，印度也正在推展新的重力波望遠鏡（預定臂長4公里）的建造計畫。

距離（約1億5000萬公里）只有1個原子（約1000萬分之1毫米）的變動，連這樣的微弱振動也必須加以抑制。藉著把鏡片冷卻到極低溫，能把因熱而產生的雜訊減輕到4分之1左右。

全球鼎力合作
探索重力波的發生源

2018年4月，KAGRA實施運作試驗，確認了3公里長的雷射干涉儀在低溫下的操作。2020年2月實施了完整型態的首次觀測。未來將進一步提升感度並反覆觀測，希望能偵測到重力波。

不只LIGO，在全球各地一起進行重力波的觀測，有一個很大的好處是能取得較多資訊，以便確定重力波的「故鄉」。LIGO於2015年9月14日偵測到的重力波，只能得知其發生源在南天包括大麥哲倫雲的方向上。但是，如果KAGRA及歐洲的重力波望遠鏡「Virgo」等設施同時觀測，便有可能精確地確定重力波的發生源。

※：詳情請參見以下網址或掃描QR碼。
https://gwcenter.icrr.u-tokyo.ac.jp

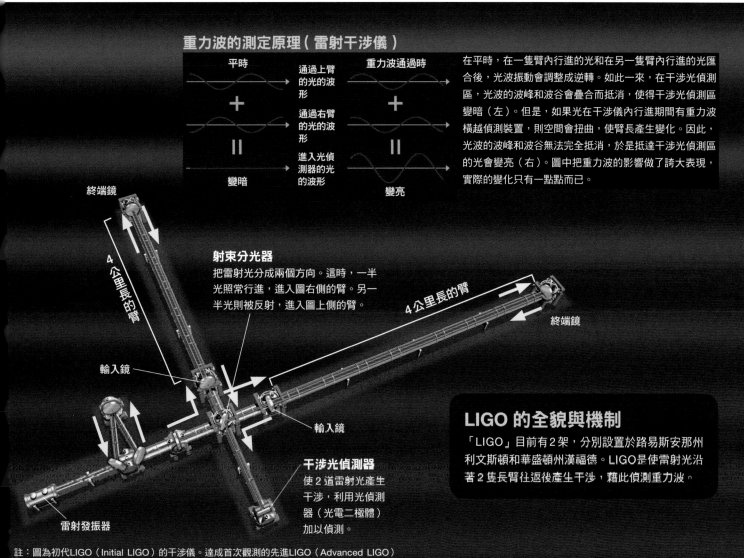

重力波的測定原理（雷射干涉儀）

平時		重力波通過時
	通過上臂的光的波形	
+		+
	通過右臂的光的波形	
=		=
	進入光偵測器的光的波形	
變暗		變亮

在平時，在一隻臂內行進的光和在另一隻臂內行進的光匯合後，光波振動會調整成逆轉。如此一來，在干涉光偵測區，光波的波峰和波谷疊合而抵消，使得干涉光偵測區變暗（左）。但是，如果光在干涉儀內行進期間有重力波橫越偵測裝置，則空間會扭曲，使臂長產生變化。因此，光波的波峰和波谷無法完全抵消，於是抵達干涉光偵測區的光會變亮（右）。圖中把重力波的影響做了誇大表現，實際的變化只有一點點而已。

終端鏡

4公里長的臂

射束分光器
把雷射光分成兩個方向。這時，一半光照常行進，進入圖右側的臂。另一半光則被反射，進入圖上側的臂。

4公里長的臂

終端鏡

輸入鏡

輸入鏡

干涉光偵測器
使2道雷射光產生干涉，利用光偵測器（光電二極體）加以偵測。

雷射發振器

LIGO 的全貌與機制
「LIGO」目前有2架，分別設置於路易斯安那州利文斯頓和華盛頓州漢福德。LIGO是使雷射光沿著2隻長臂往返後產生干涉，藉此偵測重力波。

註：圖為初代LIGO（Initial LIGO）的干涉儀。達成首次觀測的先進LIGO（Advanced LIGO）則是在射束分光器和干涉光偵測器之間，追加了「訊號循環鏡」（signal recycling mirror）及「輸出模清除器」（output mode cleaner）。

【 人人伽利略系列 32 】

宇宙用語220
收錄最新天文資訊 了解宇宙220個重要關鍵詞

作者／日本Newton Press
執行副總編輯／王存立
翻譯／黃經良
編輯／蔣詩綺
發行人／周元白
出版者／人人出版股份有限公司
地址／231028 新北市新店區寶橋路235巷6弄6號7樓
電話／（02）2918-3366（代表號）
傳真／（02）2914-0000
網址／www.jjp.com.tw
郵政劃撥帳號／16402311 人人出版股份有限公司
製版印刷／長城製版印刷股份有限公司
電話／（02）2918-3366（代表號）
經銷商／聯合發行股份有限公司
電話／（02）2917-8022
香港經銷商／一代匯集
電話／（852）2783-8102
第一版第一刷／2022年11月
定價／新台幣500元
　　　　港幣167元

國家圖書館出版品預行編目（CIP）資料

宇宙用語220：收錄最新天文資訊 了解宇宙220個
重要關鍵詞／日本Newton Press作；
黃經良翻譯. -- 第一版. --
新北市：人人出版股份有限公司, 2022.11
面；公分. —（人人伽利略系列；32）
（Galileo科學叢書；32）
ISBN 978-986-461-308-3（平裝）
1.CST：天文學 2.CST：宇宙

320　　　　　　　　　　　　　　111014279

NEWTON BESSATSU SAISHIN UCHU
DAIZUKAN 220
Copyright © Newton Press 2021
Chinese translation rights in complex
characters arranged with
Newton Press through Japan UNI Agency,
Inc., Tokyo
www.newtonpress.co.jp

Staff

Editorial Management	木村直之
Design Format	米倉英弘（細山田デザイン事務所）
Editorial Staff	遠津早紀子
Editorial Cooperation	谷合 稔

Photograph

表紙	NASA, ESA, CXC and the University of Potsdam, JPL-Caltech, and STScI	64	EHT Collaboration	(skysurvey.org), ESO/M. Kornmesser, NASA/JPL-Caltech	154	NASA/JPL
1	NASA, ESA, CXC and the University of Potsdam, JPL-Caltech, and STScI	67	NASA/SOHO		155	NASA/JPL, ESA/NASA/JPL/ University of Arizona; processed by Andrey Pivovarov, ESA/NASA/JPL/ University of Arizona; processed by Andrey Pivovarov, NASA/JHU-APL
2	NASA	73	NASA/SOHO, NASA/GSFC	111	Mysid
3	ESA/ATG Medialab, NAOJ	74-75	NASA/SOHO	128	Bill Schoening Vanessa Harvey/REU program/NOAO/AURA/NSF
6	NASA	86～87	NASA	130	The Hubble Heritage Team(STScI/ AURA)	156	NASA/JHU APL/SwRI/Steve Gribben
10	akg-images/アフロ, Science & Society Picture Library/アフロ, Bridgeman Images/アフロ	89	NASA/JPL-Caltech/UCAL/MPS/DLR/ IDA	137	NASA, Andrew S. Wilson (University of Maryland);Patrick L. Shopbell (Caltech);Chris Simpson (Subaru Telescope); Thaisa Storchi-Bergmann and F. K. B. Barbosa (UFRGS, Brazil);and Martin J. Ward(University of Leicester, U.K.)	157～159	NASA
11	Heritage Image/アフロ	90	JAXA		160	NASA/SOHO, NASA/STEREO
12	stanthejeep, akg-images/アフロ	91	JAXA, 東京大, 高知大, 立教大, 名古屋大, 千葉工大, 明治大, 会津大, 産総研, JAXA, NASA/Goddard/University of Arizona		161	国立天文台/NASA/GSFC/, Solar Dynamics Observatory/NASA
13	NASA, Science Photo Library/アフロ	92	NASA/JPL-Caltech/SwRI/MSSS/Betsy Asher Hall/Gervasio Robles		162	NASA/Johns Hopkins APL/Steve Gribben, ESA/ATG Medialab
16	National Portrait Gallery	93	NASA/JPL-Caltech	138	NASA/JPL-Caltech	163	NASA, ESA/Hubble, HST Frontier Fields, NASA/ESA
17	Ferdinand Schmutzer	94	NASA	139	ESA/ATG medialab	164	NASA, NASA/JPL-Caltech/Wendy Stenzel
18	NASA	95	NASA/JPL/Space Science Institute	141	NAOJ	165	NASA, ESA
22	Science Photo Library/アフロ	98	NASA/Johns Hopkins University	143	NASA	166	ESO/C.Malin, ESO/Yuri Beletsky
23	日本学術振興会, Betsy Devine aka Newscom/アフロ		Applied Physics Laboratory/ Southwest Research Institute	144	NASA/JPL-Caltech, NASA	167	M.Devlin, Ahincks
24	Newscom/アフロ			145	NASA, JAXA	168	NAOJ, NASA/JPL, Science Faction/ アフロ
26	ESA Plank	99	NASA/Johns Hopkins University Applied Physics Laboratory/ Southwest Research Institute, NASA, ESA, H. Weaver (JHUAPL), A. Stern (SwRI), and the HST Pluto Companion Search Team, NASA/JPL-Caltech/ UMD, NASA-JPL, NASA/JPL	146	ESA (Image by AOES Medialab), JAXA	169	NAOJ
33	NASA, NASA/Joel Kowsky, JAXA, NASA			147	NASA/JPL-Caltech	170	GMTO Corporation
37	The Hubble Heritage Team(AURA/ STScI/NASA)			148	池下章裕	171	GTC
38	NASA, ESA, M. Robberto (Space Telescope Science Institute/ESA) and the Hubble Space Telescope Orion Treasury Project Team	108	ESO/L. Calçada	150	JAXA	172	視覚中国
				151	池下章裕	173	NAOJ
				152	NASA/JPL-Caltech	174	東京大学宇宙線研究所 重力波観測研究施設
45	Alamy/PPS通信社	109	ESO/M. Kornmesser/N. Risinger	153	NASA's Goddard Space Flight Center, ESA/ATG medialab; Comet image ESA/Rosetta/Navcam		

Illustration

Cover Design	デザイン室 宮川愛理	37	Newton Press, 小林 稔	82	Newton Press, 奥本裕志	120	Newton Press, 小林 稔
2	小林 稔, Newton Press	38～40	Newton Press	83	Newton Press, 木下 亮	121	小林 稔
3	吉原成行, Newton Press	41	Newton Press, 黒田清桐	84～85	Newton Press	122～124	Newton Press
5	藤丸惠美子	42	Newton Press	88	Newton Press	125	奥本裕志
6	谷合 稔	43	Newton Press, 黒田清桐	90～92	Newton Press	126	矢田 明, Newton Press
7	Newton Press	44	Newton Press	93	矢田 明	127	Newton Press
8-9	藤丸惠美子	46～56	Newton Press	94	Newton Press	129	Newton Press
11	谷合 稔	57	木下真一郎	95	田中盛穂	131	Newton Press
16～17	Newton Press	58～59	Newton Press	96	目黒市松, Newton Press	132-133	奥本裕志
18	吉原成行	60	荒内幸一	97	Newton Press	134	小林 稔
19	寺田 敬, 門馬朝久	61～62	Newton Press	100	Newton Press	135	寺田 敬
20	Newton Press	63	小林 稔	101	奥本裕志	136	吉原成行
21	奥本裕志	64～65	Newton Press	102	吉原成行, 小林 稔	138～139	Newton Press
22-23	門馬朝久	68～72	Newton Press	103～107	Newton Press	149	Newton Press
24	Newton Press	76	藤丸惠美子	110-111	奥本裕志	174	Newton Press（地球の地図データ： Reto Stöckli, NASA Earth Observatory）
25	矢田 明, Newton Press	77	吉原成行, Newton Press	112～113	谷合 稔		
26	浅野 仁	78	吉原成行, Newton Press	114	奥本裕志		
27～32	Newton Press	79	小林 稔	115	谷合 稔	175	Newton Press
35	Newton Press	80	増田庄一郎, Newton Press	116～117	Newton Press		
36	小林 稔	81	門馬朝久, Newton Press	119	Newton Press		